"十二五"职业教育国家规划教材

经全国职业教育教材审定委员会审定

装饰工程质量检测

Zhuangshi Gongcheng Zhiliang Jiance

建筑装饰专业

崔东方　主　编

高等教育出版社·北京

内容简介

本书是"十二五"职业教育国家规划教材,依据教育部职业学校建筑装饰专业教学标准,并参照国家现行《建筑工程施工质量验收统一标准》《建筑装饰装修工程质量验收规范》和装饰质量员岗位技能要求编写。

本书主要内容包括:装饰工程质量检测验收依据和方法、装饰工程施工预检、隐蔽工程质量检测、装饰分部分项工程质量检测与验收、装饰工程常见质量问题预防及处理、装饰工程质量资料、装饰工程检验批报验实例。

本书配套学习卡资源,请登录 Abook 网站 http://abook.hep.com.cn/sve 获取相关资源。 详见本书"郑重声明"页。

本书可作为职业学校建筑装饰专业教材,也可作为相关企业建筑装饰装修施工技术人员参考用书。

图书在版编目(CIP)数据

装饰工程质量检测 / 崔东方主编. -- 北京:高等教育出版社,2018.7
建筑装饰专业
ISBN 978-7-04-047845-7

Ⅰ.①装… Ⅱ.①崔… Ⅲ.①建筑装饰-工程质量-质量检验-中等专业学校-教材 Ⅳ.①TU767.03

中国版本图书馆 CIP 数据核字(2017)第 118852 号

策划编辑 魏 芳	责任编辑 梁建超	封面设计 杨立新	版式设计 范晓红
插图绘制 杜晓丹	责任校对 刘春萍	责任印制 田 甜	

出版发行	高等教育出版社	网 址	http://www.hep.edu.cn
社 址	北京市西城区德外大街 4 号		http://www.hep.com.cn
邮政编码	100120	网上订购	http://www.hepmall.com.cn
印 刷	北京信彩瑞禾印刷厂		http://www.hepmall.com
开 本	787mm×1092mm 1/16		http://www.hepmall.cn
印 张	11.25		
字 数	260 千字	版 次	2018 年 7 月第 1 版
购书热线	010-58581118	印 次	2018 年 7 月第 1 次印刷
咨询电话	400-810-0598	定 价	24.60 元

建筑类专业"十二五"职业教育国家规划教材
编写委员会

出版说明

　　教材是教学过程的重要载体。 加强教材建设是深化职业教育教学改革的有效途径，是推进人才培养模式改革的重要条件，也是推动中高职协调发展的基础性工程，对促进现代职业教育体系建设，提高职业教育人才培养质量具有十分重要的作用。

　　为进一步加强职业教育教材建设，2012 年，教育部制订了《关于“十二五”职业教育教材建设的若干意见》（教职成〔2012〕9 号），并启动了“十二五”职业教育国家规划教材的选题立项工作。 作为全国最大的职业教育教材出版基地，高等教育出版社整合优质出版资源，积极参与此项工作，“计算机应用”等 110 个专业的职业教育专业技能课教材选题通过立项，覆盖了专业目录中的全部大类专业，是涉及专业面最广、承担出版任务最多的出版单位，充分发挥了教材建设主力军和国家队的作用。 2015 年 5 月，经全国职业教育教材审定委员会审定，教育部公布了首批“十二五”职业教育国家规划教材，高等教育出版社有 300 余种教材通过审定，涉及中职 10 个专业大类的 46 个专业，占首批公布的“十二五”职业教育国家规划教材的30% 以上。 今后高等教育出版社还将按照教育部的统一部署，继续完成后续专业国家规划教材的编写、审定和出版工作。

　　高等教育出版社“十二五”职业教育国家规划教材的编者，有参与制订职业学校专业教学标准的专家，有学科领域的领军人物，有行业企业的专业技术人员以及教学一线的教学名师、教学骨干，他们为保证教材编写质量奠定了基础。 教材编写力图突出以下五个特点：

　　1. 执行新标准。 以教育部颁布的职业学校专业教学标准为依据，服务经济社会发展和产业转型升级。 教材内容体现产教融合，对接职业标准和企业用人要求，反映新知识、新技术、新工艺、新方法。

　　2. 构建新体系。 教材整体规划、统筹安排，注重系统培养，兼顾多样成才。 遵循技术、技能人才培养规律，构建服务于中高职衔接、职业教育与普通教育相互沟通的现代职业教育教材体系。

　　3. 找准新起点。 教材编写图文并茂，通俗易懂，遵循职业学校学生学习特点，贴近工作过程、技术流程，将技能训练、技术学习与理论知识有机结合，便于学生系统学习和掌握，符合职业教育的培养目标与学生认知规律。

　　4. 推进新模式。 改革教材编写体例，创新内容呈现形式，适应项目教学、案例教学、情景教学、工作过程导向教学等多元化教学方式，突出"做中学、做中教"的职业教育特色。

5.配套新资源。 秉承高等教育出版社数字化教学资源建设的传统与优势，教材内容与数字化教学资源紧密结合，纸质教材配套多媒体、网络教学资源，形成数字化、立体化的教学资源体系，为促进职业教育教学信息化提供有力支持。

为更好地服务教学，高等教育出版社还将以国家规划教材为基础，广泛开展教师培训和教学研讨活动，为提高职业教育教学质量贡献更多力量。

高等教育出版社

2015 年 5 月

前　言

本书是"十二五"职业教育国家规划教材，依据教育部职业学校建筑装饰专业教学标准，并参照国家现行《建筑工程施工质量验收统一标准》《建筑装饰装修工程质量验收规范》和装饰质量员岗位技能要求编写。

装饰工程质量检测是职业学校建筑装饰专业建筑装饰施工方向的重要专业技能课程，是学生未来从事装饰质量员、装饰施工员、装饰资料员等工作岗位，获得相关职业资格证书所必须具备的专业技能。

本书的编者由长期从事教学一线工作的骨干教师与长期从事装饰装修工程施工一线工作的骨干工程技术人员组成。 本书编写过程中，在充分研讨和反复论证的基础上，通过改革创新，突出了以下特色：

1. 按照工程项目划分教学项目，将装饰工程子分部划分为 10 个分项工程，教学项目与分项工程对应，实际工程项目的呈现方式和教材内容的结构形式对接。 每个教学项目分解为若干教学任务，采用任务驱动的模式编写。

2. 贴近实际，突出应用，教学内容对接岗位技能要求。 按照建筑装饰装修工程的实际工作流程组织教学任务和教学内容，针对建筑装饰质量员岗位的职业能力要求，以实际工作过程为主线编写，力求简单实用，突出岗位技能培养。

3. 精选工程实例、案例，图文并茂，易学好教。 本书从大量的工程实例中精选出典型的实例，使学生更好地掌握和了解装饰工程质量的检测流程、检测方法和报验程序等工作流程，学会装饰工程质量检测中各种表格的填写方法和工程质量资料的检查与搜集，从而更好地培养岗位能力。

本书按 64 学时编写，各教学项目的学时分配建议如下：

序号	单元名称	建议学时
单元一	装饰工程质量检测验收依据和方法	10
单元二	装饰工程施工预检	8
单元三	隐蔽工程质量检测	6
单元四	装饰分部分项工程质量检测与验收	24

续表

序号	单元名称	建议学时
单元五	装饰工程常见质量问题预防及处理	6
单元六	装饰工程质量资料	6
单元七	装饰工程检验批报验实例	4

　　本书由河南建筑职业技术学院崔东方任主编，各单元编写分工如下：单元一、单元五和单元四子分部 2、6、9 由河南建筑职业技术学院崔东方编写；单元二由郑州恒基建设监理有限公司监理工程师王兴伟和长葛市质量监督站王晓杰编写；单元三由河南鸿业建设集团有限公司李自有和焦作市职业技术学院荆新华编写；单元四子分部 1、3、4、5、7 由河北城乡建设学校郭倩编写，单元四子分部 8、10 由河南建筑职业技术学院李蓉编写；单元六由建业住宅集团（中国）有限公司国家一级注册建造师、监理工程师李小忠和河南赵玲编写；单元七由郑州康利达装饰工程有限公司国家一级注册建造师贾中勋和上海升龙投资集团有限公司国家一级注册建造师刘俊霞编写。全书由崔东方统稿。

　　为突出新材料、新技术、新工艺的内容，全书在编写过程中除参考了国家和行业的最新标准和规范外，还参考了较多的文献资料，谨向这些资料的作者致以诚挚的感谢。

　　本书配有学习卡资源，请登录 Abook 网站 http://abook.hep.com.cn/sve 获取相关资源。详细说明见本书"郑重声明"页。

　　由于编者水平有限，书中难免存在不足之处，恳切期望各位读者朋友批评指正，以便进一步修改完善（读者意见反馈信箱：zz_dzyj@pub.hep.cn）。

编　者
2017 年 2 月

目　录

装饰工程质量检测验收依据和方法

单元概述

本单元主要包括以下任务:装饰工程质量检测与验收的依据;装饰工程分部分项工程的划分;装饰工程质量控制方法;装饰工程质量检测程序与方法;装饰工程竣工验收程序;检测工具的使用。

单元目标

1. 知识目标

熟悉现行国家建筑装饰装修工程质量检测与验收相关标准、规范和法规,熟悉装饰工程分部分项工程的项目划分,熟悉质量员的工作过程和岗位职责;掌握装饰工程质量控制方法、装饰工程质量检测程序与方法;了解装饰工程竣工验收程序。

2. 专业能力目标

能对照质量员岗位职责的要求掌握装饰工程质量环节控制方法;会使用常用的检测工具。

3. 专业素养目标

具有良好的职业道德,养成认真负责、严谨求实的工作作风和高度的质量意识。

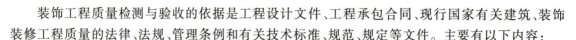

任务1　装饰工程质量检测
与验收依据

　　装饰工程质量检测与验收的依据是工程设计文件、工程承包合同、现行国家有关建筑、装饰装修工程质量的法律、法规、管理条例和有关技术标准、规范、规定等文件。主要有以下内容：

　　(1) 建设工程法律。

　　(2) 建设工程行政法规。

　　① 中华人民共和国国务院令第279号《建设工程质量管理条例》。

　　② 中华人民共和国建设部令第110号《住宅室内装饰装修管理办法》。

　　(3) 上级主管部门有关建设工程竣工验收的文件和规定。

　　(4) 工程承包合同。

　　(5) 工程设计文件。

　　(6) 国家现行的装饰装修工程施工及验收规范。

　　(7) 国家相关现行施工验收规范。

　　(8) 对于从国外引进新技术、新材料和进口设备的装饰装修工程项目，还要按照签订的合同和国外提供的设计文件等进行验收。

一、《建筑工程施工质量验收统一标准》(GB 50300—2013)

　　《建筑工程施工质量验收统一标准》(GB 50300—2013) (图1-1) 中部分强制性条文如下：

　　1. 建筑工程施工质量应按下列规定进行控制：

　　(1) 建筑工程采用的主要材料、半成品、成品、建筑构配件、器具和设备应进行现场验收。凡涉及安全、节能、环境保护和主要使用功能的重要材料、产品，应按各专业工程施工规范、验收规范和设计文件等规定进行复验，并应经监理工程师检查认可。

　　(2) 各工序应按施工技术标准进行质量控制，每道工序完成后，经施工单位自检符合规定后，才能进行下道工序施工。各专业工种之间的相关工序应进行交接检查，并应记录。

　　(3) 对于监理单位提出检查要求的重要工序，应经监理工程师检查认可，才能进行下道工序施工。

　　2. 建筑工程施工质量应按下列要求进行验收：

　　(1) 工程质量的验收均应在施工单位自行检查合格的基础上进行；

　　(2) 参加工程施工质量验收的各方人员应具备相应的资格；

　　(3) 检验批的质量应按主控项目和一般项目验收；

　　(4) 对涉及结构安全试块、试件及材料，应在进场时或施工中按规定进行见证检测；

　　(5) 隐蔽工程在隐蔽前由施工单位通知监理单位进行验收，并应形成验收文件，验收合格后方可继续施工；

　　(6) 对涉及结构安全、节能、环境保护和主要使用功能的重要分部工程，应在验收前按规定进行抽样检验；

UDC

中华人民共和国国家标准

P　　　　　　　　　　　　　　　　GB 50300—2013

建筑工程施工质量验收统一标准

Unified standard for constructional quality
acceptance of building engineering

2013-11-01　发布　　　　　　2014-06-01　实施

中华人民共和国住房和城乡建设部
中华人民共和国国家质量监督检验检疫总局　　联合发布

图 1-1

（7）工程的观感质量应由验收人员现场检查，并应共同确认。

3. 建筑工程施工质量验收应划分为单位工程、分部工程、分项工程和检验批。

4. 检验批质量验收合格应符合下列规定：

（1）主控项目的质量经抽样检验均应合格；

（2）一般项目的质量经抽样检验合格；

（3）具有完整的质量操作依据、质量验收记录。

5. 分项工程质量验收合格应符合下列规定：

（1）所含检验批的质量均应验收合格；

（2）所含检验批的质量验收记录应完整。

6. 分部工程质量验收合格应符合下列规定：

（1）所含分项工程的质量均应验收合格；

（2）质量控制资料应完整；

（3）有关安全、节能、环境保护和主要使用功能的抽样检验结果应符合相应规定；

（4）观感质量应符合要求。

7. 单位工程质量验收合格应符合下列规定：

（1）所含分部工程的质量均应验收合格；

（2）质量控制资料应完整；

（3）所含分部工程中有关安全、节能、环境保护和主要使用功能的检验应完整；

（4）主要使用功能的抽样检验结果应符合相关专业验收规范的规定；

（5）观感质量应符合要求。

8. 经返修或加固处理仍不能满足安全或重要使用功能要求的分部工程及单位工程，严禁验收。

9. 建筑工程质量验收程序与组织：

（1）检验批应由专业监理工程师组织施工单位项目专业质量检查员、专业工长等进行验收。

（2）分项工程应由专业监理工程师组织施工单位项目专业技术负责人等进行验收。

（3）分部工程应由总监理工程师组织施工单位项目负责人和项目技术负责人等进行验收。

（4）单位工程中的分包工程完工后，分包单位应对所承包的工程项目进行自检，并按规定的程序进行验收。验收时，总承包单位应派人参加。分包单位应将所分包工程的质量控制资料整理完整，并移交给总包单位。

（5）单位工程完工后，施工单位应自行组织人员进行自检，总监理工程师应组织各专业监理工程师对工程质量进行竣工预验收，并向建设单位提交工程验收报告。存在施工质量问题时，应由施工单位整改。整改完毕后，由施工单位向建设单位提交工程验收报告，申请工程竣工验收。

（6）建设单位收到工程验收报告后，应由建设单位项目负责人组织监理、施工、设计、勘察等单位负责人进行单位工程验收。

二、《建筑装饰装修工程质量验收规范》（GB 50210—2001）

《建筑装饰装修工程质量验收规范》（GB 50210—2001）（图 1-2）主要条文如下：

1. 对建筑装饰设计的基本规定

（1）建筑装饰装修工程必须进行设计，并出具完整的施工图设计文件。

（2）承担建筑装饰装修工程设计的单位应具备相应的资质，并应建立质量管理体系。由于设计原因造成的质量问题应由设计单位负责。

（3）建筑装饰装修设计应符合城市规划、消防、环保、节能等有关规定。

（4）建筑装饰装修工程设计必须保证建筑物的结构安全和主要使用功能。当涉及主体和承重结构改动或增加荷载时，必须由原结构设计单位或具备相应资质的设计单位核查有关原始资料，对既有建筑结构的安全性进行核验、确认。

（5）建筑装饰装修工程的防火、防雷和抗震设计应符合现行国家标准的规定。

2. 对装饰材料的基本规定

（1）建筑装饰装修工程所用材料的品种、规格和质量应符合设计要求和国家现行标准的规定。当设计无要求时应符合国家现行标准的规定。严禁使用国家明令淘汰的材料。

（2）建筑装饰装修工程所用材料的燃烧性能应符合现行国家标准《建筑内部装修设计防火规范》（GB 50222）、《建筑设计防火规范》（GB50016）和《高层民用建筑设计防火规范》（GB 50045）的规定。

（3）建筑装饰装修工程所用材料应符合国家有关建筑装饰装修材料有害物质限量标准的规定。

UDC

中华人民共和国国家标准

P　　　　　　　　　　　　　　GB 50210—2001

建 筑 装 饰 装 修 工 程 质 量 验 收 规 范

Code for construction quality acceptance

of building decoration

2001-11-01 发布　　　　　　　2002-03-01 实施

中 华 人 民 共 和 国 建 设 部

国 家 质 量 监 督 检 验 检 疫 总 局　　联合发布

图 1-2

（4）所有材料进场时应对品种、规格、外观和尺寸进行验收。材料包装应完好,应有产品合格证书、中文说明书及相关性能的检测报告;进口产品应按规定进行商品检验。

（5）进场后需要进行复验的材料种类及项目应符合本规范各章的规定。同一厂家生产的同一品种、同一类型的进场材料应至少抽取一组样品进行复验,当合同另有约定时应按合同执行。

（6）建筑装饰装修工程所使用的材料应按设计要求进行防火、防腐和防虫处理。

（7）承担见证取样检测及有关结构安全检测的单位应具有相应资质。

（8）工程的观感质量应由验收人员通过现场检查,并应共同确认。

3. 对施工的基本规定

（1）承担建筑装饰装修工程施工的单位应具备相应的资质,并应建立质量管理体系。施工单位应编制施工组织设计并应经过审查批准。施工单位应按有关的施工工艺标准或经审定的施工技术方案施工,并对施工全过程实行质量控制。

（2）承担建筑装饰装修工程施工的人员应有相应岗位的资格证书。

（3）建筑装饰装修工程的施工质量应符合设计要求和本规范的规定,由于违反设计文件和本规范的规定施工造成的质量问题应由施工单位负责。

（4）建筑装饰装修工程施工中,严禁违反设计文件擅自改动建筑主体、承重结构或主要使用功能;严禁未经设计确认和有关部门批准擅自拆改水、暖、电、燃气、通信等配套设施。

(5)施工单位应遵守有关环境保护的法律法规,并应采取有效措施控制施工现场的各种粉尘、废气、废弃物、噪声、振动等对周围环境造成的污染和危害。

(6)施工单位应遵守有关施工安全、劳动保护、防火和防毒的法律法规,应建立相应的管理制度,并应配备必要的设备、器具和标识。

(7)建筑装饰装修工程应在基体或基层的质量验收合格后施工。对既有建筑进行装饰装修前,应对基层进行处理并达到本规范的要求。

(8)建筑装饰装修工程施工前应有主要材料的样板或做样板间(件),并应经有关各方确认。

(9)管道、设备等的安装及调试应在建筑装饰装修工程施工前完成,当必须同步进行时,应在饰面层施工前完成。装饰装修工程不得影响管道、设备等的使用和维修。涉及燃气管道的建筑装饰装修工程必须符合有关安全管理的规定。

(10)建筑装饰装修工程的电器安装应符合设计要求和国家现行标准的规定。严禁不经穿管直接埋设电线。

(11)室内外装饰装修工程施工的环境条件应满足施工工艺的要求。施工环境温度不应低于5 ℃。当必须在低于5 ℃气温下施工时,应采取保证工程质量的有效措施。

(12)建筑装饰装修工程验收前应将施工现场清理干净。

4. 对装饰装修9个子分部工程的一般规定、验收标准和检测方法

(1)抹灰工程;

(2)门窗工程;

(3)吊顶工程;

(4)轻质隔墙工程;

(5)饰面板(砖)工程;

(6)幕墙工程;

(7)涂料工程;

(8)裱糊与软包工程;

(9)细部工程。

本规范不含地面工程的质量验收,对于地面工程,要执行《建筑地面工程质量验收规范》(GB 50209—2010)。

三、《建筑地面工程施工质量验收规范》(GB 50209—2010)

《建筑地面工程施工质量验收规范》(GB 50209—2010)(图 1-3)主要条文如下:

1. 基本规定

(1)建筑地面工程采用的材料或产品应符合设计要求和国家现行有关标准的规定。材料或产品进场时还应符合下列规定:

① 应具有质量合格证明文件;

② 应对型号、规格、外观等进行验收,对重要材料或产品进行复检。

(2)建筑地面采用的大理石、花岗石等天然石材、人造石材、人造板材、地毯、塑料地板、胶黏

UDC

中华人民共和国国家标准

P   GB 50209—2010

建筑地面工程施工质量验收规范

Code for acceptance of construction quality of
building ground

2010 - 05 - 31　发布   2010 - 12 - 01　实施

中华人民共和国住房和城乡建设部
中华人民共和国国家质量监督检验检疫总局　　联合发布

图 1-3

剂、涂料、水泥外加剂等材料或产品应符合国家现行有关室内环境污染控制和放射性、有害物质限量的规定。材料进场应具有检测报告。

这些标准和规范包括：《民用建筑工程室内环境污染控制规范》（GB 50325）、《建筑材料放射性核素限量》（GB 6566）、《室内装饰装修材料　溶剂型木器涂料中有害物质限量》（GB 18581）、《室内装饰装修材料　地毯、地毯衬垫及地毯胶黏剂有害物质限量》（GB 18587）和行业标准《建筑防水涂料中有害物质限量》（JC 1066）等。

（3）厕浴间和有防滑要求的建筑地面应符合设计防滑要求。

（4）厕浴间、厨房和有防滑要求的建筑地面面层与相连接各类面层的标高差应符合设计要求。

（5）有防水要求的地面必须做防水隔离层。在铺设前必须对立管、套管和地漏与楼板节点之间进行防水密封处理，并应进行隐蔽验收和闭水试验。有排水坡度的地面应符合设计要求，排水顺畅。

（6）地面面层的铺设宜在室内装饰工程基本完工后进行。木、竹面层，塑料地板面层，活动地板面层，地毯面层的铺设应待抹灰工程完工、管道试压测试后进行。

2. 对基层铺设的规定

（略）。

3. 对整体面层铺设的规定

（略）。

4. 对板块面层铺设的规定

（略）。

5. 对木、竹面层铺设的规定

（略）。

6. 分部（子分部）工程的验收

（略）。

四、《民用建筑工程室内环境污染控制规范》（GB 50325—2010）

《民用建筑工程室内环境污染控制规范》（GB 50325—2010）（图 1-4）主要内容如下：

UDC

中华人民共和国国家标准

P

GB 50325—2010

民用建筑工程室内环境污染控制规范

Code for indoor environmental pollution control
of civil building engineering

（2013 年版）

2010 - 08 - 18　发布　　　2011 - 06 - 01　实施

中华人民共和国国家质量监督检验检疫总局　联合发布
中 华 人 民 共 和 国 建 设 部

图 1-4

1. 对于装饰材料的要求

（1）民用建筑工程中所使用的砂、石、砖、砌块、混凝土、建筑卫生陶瓷、石膏板、吊顶材料、无机瓷砖黏结剂等无机非金属材料的放射性指标应符合本规范规定。

（2）民用建筑工程室内用人造木板及饰面人造木板，必须测定游离甲醛含量或游离甲醛释放量。

（3）Ⅰ类民用建筑工程室内装修，必须采用 E1 类人造木板及饰面人造木板；Ⅱ类民用建筑工程室内装修，当采用 E2 类人造木板时，直接暴露于空气的部位应进行表面涂覆密封处理。

（4）民用建筑工程室内装修，所采用的涂料、胶黏剂、水性处理剂，其苯、游离甲醛、游离甲苯二异氰酸酯（TDI）、总挥发性有机化合物（TVOC）的含量，应符合本规范规定。

（5）民用建筑工程室内装修，所使用的黏合木结构材料、壁布、帷幕等，游离甲醛释放量不应大于 0.12 mg/m³。

（6）民用建筑工程室内装修中所使用的木地板及其他木质材料，严禁采用沥青、煤焦油类防腐、防潮处理剂。

（7）Ⅰ类民用建筑工程室内装修粘贴塑料地板时，不应采用溶剂型胶黏剂。

（8）Ⅱ类民用建筑工程中地下室及不与室外直接自然通风的房间，粘贴塑料地板时，不宜采用溶剂型胶黏剂。

（9）民用建筑工程中，不应在室内采用脲醛树脂泡沫塑料作为保温、隔热和吸声材料。

（10）民用建筑工程室内装修时，所使用的地毯、地毯衬垫、壁纸、聚氯乙烯卷材地板，其挥发性有机化合物及甲醛释放量均应符合相应材料的有害物质限量的国家标准规定。

2. 工程施工要求

（1）当建筑材料和装修材料进场检验，发现不符合设计要求及本规范的有关规定时，严禁使用。

（2）施工单位应按设计要求及本规范的有关规定进行施工，不得擅自更改设计文件要求。当需要更改时，应经原设计单位同意。

（3）民用建筑工程室内装修，当多次重复使用同一设计时，宜先做样板间，并对其室内环境污染物浓度进行检测。

（4）民用建筑工程中所使用的无机非金属建筑材料和装修材料必须有放射性指标检测报告，并应符合设计要求和本规范规定。当室内饰面采用的天然花岗石或瓷质砖，使用面积大于 200 m² 时，应对不同产品、不同批次材料分别进行放射性指标复验。

（5）民用建筑工程室内装修中所采用的人造木板及饰面人造木板必须有游离甲醛含量或游离甲醛释放量检测报告，并应符合设计要求和本规范规定。当室内装修中采用的某一种人造木板及饰面人造木板面积大于 500 m² 时，应对不同产品、不同批次材料的游离甲醛含量或游离甲醛释放量分别进行复验。

（6）民用建筑工程室内装修，所采用的水性涂料、水性胶黏剂、水性处理剂必须有同批次产品的挥发性有机化合物（VOCS）和游离甲醛含量检测报告；溶剂型涂料、溶剂型胶黏剂必须有同批次产品的挥发性有机化合物（VOCS）、苯、游离甲苯二异氰酸酯（TDI）（聚氨酯类）含量检测报告，应符合设计要求和本规范规定。

（7）建筑材料和装饰材料的检测项目不全或对检测结果有疑问时，必须将材料送有资格的检测机构进行检验，检验合格后方可使用。

（8）民用建筑工程室内装修所采用的稀释剂和溶剂，严禁使用苯、工业苯、石油苯、重质苯及混苯。

（9）严禁在民用建筑工程室内用有机溶剂清洗施工工具。

五、《建筑内部装修防火施工及验收规范》(GB 50354—2005)

《建筑内部装修防火施工及验收规范》(GB 50354—2005)(图1-5)主要内容如下：

UDC

中华人民共和国国家标准

P   GB 50354—2005

建筑内部装修防火施工及验收规范

Code for fire prevention installation and acceptance in
construction of interior decoration engineering of buildings

2005 - 04 - 15 发布   2005 - 08 - 01 实施

中 华 人 民 共 和 国 建 设 部
中华人民共和国国家质量监督检验检疫总局   联合发布

图 1-5

1. 基本规定

（1）进入施工现场的材料应完好,并应检查其燃烧性能或耐火极限、防火性能型式检验报告、合格证书等技术文件是否符合防火设计要求。核查检验时应按要求填写进场验收记录。

（2）装饰材料进入施工现场后,应按本规范规定,在监理单位或建设单位监督下,由施工单位有关人员现场取样,并应由具备相应资质的检验单位进行见证取样检验。

（3）装饰装修过程中,装修材料应远离火源,并应指派专人负责施工现场的防火安全。

（4）装饰施工过程中,应对各装修部位的施工过程作详细记录。

（5）建筑工程内部装修不得影响消防设施的使用功能。

（6）装修施工过程中,应分阶段对所选用的防火装修材料按本规范的规定进行抽样检验。对隐蔽工程的施工,应在施工过程中及完工后进行抽样检验。现场进行阻燃处理、喷涂、安装作业的施工,应在相应的施工作业完成后进行抽样检验。

2. 纺织织物子分部装修工程的有关规定

（略。）

3. 木质材料子分部装修工程的有关规定

（略。）

4. 高分子合成材料子分部装修工程的有关规定

（略。）

5. 复合材料子分部装修工程的有关规定

（略。）

6. 其他材料子分部装修工程的有关规定

（略。）

7. 工程质量验收的规定

（略。）

六、住宅装饰装修工程有关规范

住宅装饰装修工程处理除必须遵循上述规范之外,还必须遵循以下规范和文件:

1.《住宅室内装饰装修管理办法》（中华人民共和国建设部令第 110 号）

主要条文如下:

（1）住宅室内装饰装修活动,禁止下列行为:

① 未经原设计单位或者具有相应资质等级的设计单位提出设计方案,变动建筑主体和承重结构;

② 将没有防水要求的房间或者阳台改为卫生间、厨房间;

③ 扩大承重墙上原有的门窗尺寸,拆除连接阳台的砖墙、混凝土墙体;

④ 损坏房屋原有节能设施,降低节能效果;

⑤ 其他影响建筑结构和使用安全的行为。

（2）装修人从事住宅室内装饰装修活动,未经批准,不得有下列行为:

① 搭建建筑物、构筑物;

② 改变住宅外立面,在非承重外墙上开门窗;

③ 拆改供暖管道和设施;

④ 拆改燃气管道和设施。

（3）住宅室内装饰装修超过设计标准或者规范增加楼面荷载的,应当经原设计单位或者具有相应资质等级的设计单位提出设计方案。

（4）改动卫生间、厨房间防水层的,应当按照防水标准制订施工方案,并做闭水试验。

（5）装饰装修企业从事住宅室内装饰装修活动,应当遵守施工安全操作规程,按照规定采取必要的安全防护和消防措施,不得擅自动用明火和进行焊接作业,保证作业人员和周围住房及财产的安全。

（6）装修人和装饰装修企业从事住宅室内装饰装修活动,不得侵占公共空间,不得损害公共部位和设施。

（7）承接住宅室内装饰装修工程的装饰装修企业,必须经建设行政主管部门资质审查,取得相应的建筑业企业资质证书,并在其资质等级许可的范围内承揽工程。

（8）装饰装修企业从事住宅室内装饰装修活动,应当严格遵守规定的装饰装修施工时间,降低施工噪声,减少环境污染。

（9）住宅室内装饰装修过程中所形成的各种固体、可燃液体等废物,应当按照规定的位置、方式和时间堆放和清运。严禁违反规定将各种固体、可燃液体等废物堆放于住宅垃圾道、楼道或者其他地方。

（10）住宅室内装饰装修工程使用的材料和设备必须符合国家标准,有质量检验合格证明和有中文标识的产品名称、规格、型号、生产厂厂名、厂址等。禁止使用国家明令淘汰的建筑装饰装修材料和设备。

（11）装修人委托企业对住宅室内进行装饰装修的,装饰装修工程竣工后,空气质量应当符合国家有关标准。装修人可以委托有资格的检测单位对空气质量进行检测。检测不合格的,装饰装修企业应当返工,并由责任人承担相应损失。

（12）在正常使用条件下,住宅室内装饰装修工程的最低保修期限为二年,有防水要求的厨房、卫生间和外墙面的防渗漏为五年。保修期自住宅室内装饰装修工程竣工验收合格之日起计算。

（13）因住宅室内装饰装修活动造成相邻住宅的管道堵塞、渗漏水、停水停电、物品毁坏等,装修人应当负责修复和赔偿;属于装饰装修企业责任的,装修人可以向装饰装修企业追偿。

（14）装修人擅自拆改供暖、燃气管道和设施造成损失的,由装修人负责赔偿。

（15）住宅室内装饰装修活动有下列行为之一的,由城市房地产行政主管部门责令改正,并处罚款:

① 将没有防水要求的房间或者阳台改为卫生间、厨房间的,或者拆除连接阳台的砖墙、混凝土墙体的,对装修人处5百元以上1千元以下的罚款,对装饰装修企业处1千元以上1万元以下的罚款;

② 损坏房屋原有节能设施或者降低节能效果的,对装饰装修企业处1千元以上5千元以下的罚款;

③ 擅自拆改供暖、燃气管道和设施的,对装修人处5百元以上1千元以下的罚款;

④ 未经原设计单位或者具有相应资质等级的设计单位提出设计方案,擅自超过设计标准或者规范增加楼面荷载的,对装修人处5百元以上1千元以下的罚款,对装饰装修企业处1千元以上1万元以下的罚款。

（16）未经城市规划行政主管部门批准,在住宅室内装饰装修活动中搭建建筑物、构筑物的,或者擅自改变住宅外立面、在非承重外墙上开门窗的,由城市规划行政主管部门按照《城市规划法》及相关法规的规定处罚。

（17）物业管理单位发现装修人或者装饰装修企业有违反本办法规定的行为不及时向有关部门报告的,由房地产行政主管部门给予警告,可处装饰装修管理服务协议约定的装饰装修管理服务费2至3倍的罚款。

（18）有关部门的工作人员接到物业管理单位对装修人或者装饰装修企业违法行为的报告后,未及时处理,玩忽职守的,依法给予行政处分。

（19）省、自治区、直辖市人民政府建设行政主管部门可以依据本办法,制定实施细则。

2.《住宅装饰装修工程施工规范》（GB 50327—2001）（图 1-6）

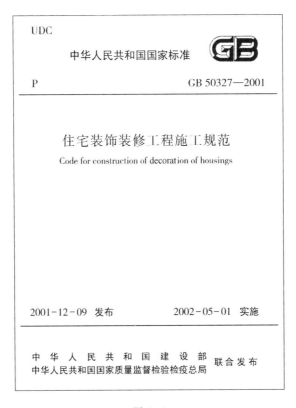

图 1-6

主要内容如下:

（1）基本规定

① 各工序、各分项工程应自检、互检及交接检。

② 施工中,严禁损坏房屋原有绝热设施;严禁损坏受力钢筋;严禁超荷载集中堆放物品;严禁在预制混凝土空心楼板上打孔安装埋件。

③ 严禁擅自改动建筑主体、承重结构或改变房间的主要使用功能;严禁擅自拆改燃气、暖气、通信等配套设施。装饰装修工程不得影响管道、设备的使用与维修。

④ 施工人员应遵守有关施工安全、劳动保护、防火、防毒的法律、法规。

⑤ 施工用电应符合本规范规定。

⑥ 不得在未做防水的地面蓄水,暂停施工应切断水源。

⑦ 文明施工和现场环境应符合本规范规定。

⑧ 严禁使用国家明令淘汰的材料。

⑨ 施工单位应对进场主要材料的品质、规格、性能进行验收。主要材料应有产品合格证书,

有特殊要求的应有相应的性能检测报告和中文说明书。

⑩ 施工过程中应按本规范要求做好成品保护措施。

（2）防火安全（略）

（3）室内环境污染控制

室内环境污染控制应符合《民用建筑工程室内环境污染控制规范》（GB 50325）的要求。

（4）分项工程施工规范

包括防水工程、抹灰工程、吊顶工程、轻质隔墙工程、门窗工程、细部工程、墙面铺装工程、涂饰工程、地面铺装工程、卫生器具及管道安装工程、电器安装工程等 11 个项目。

3.《住宅室内装饰装修工程质量验收规范》（JGJ/T 304—2013）（图 1-7）

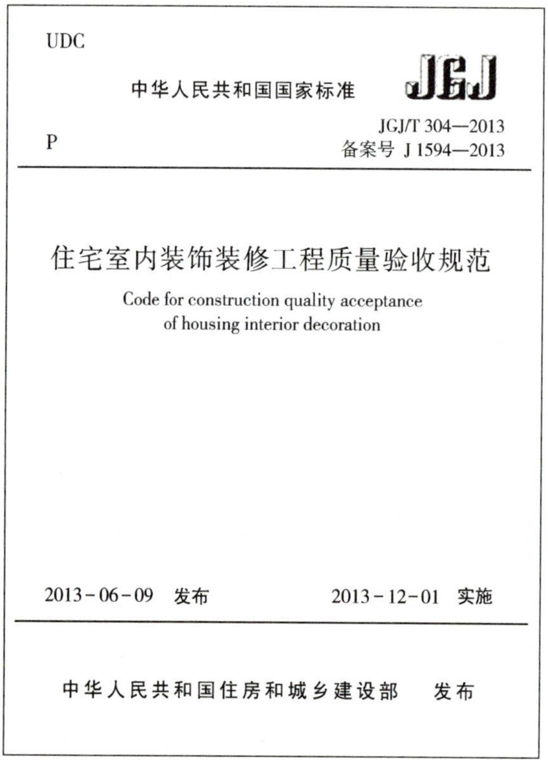

UDC

中华人民共和国国家标准   **JGJ**

P   JGJ/T 304—2013
                                                备案号 J 1594—2013

住宅室内装饰装修工程质量验收规范

Code for construction quality acceptance
of housing interior decoration

2013 - 06 - 09   发布   2013 - 12 - 01   实施

中华人民共和国住房和城乡建设部   发布

图 1-7

主要有以下内容：

（1）基本规定（略）

（2）分项工程验收规范

包括基层工程检验、防水工程、门窗工程、吊顶工程、轻质隔墙工程、墙饰面工程、楼地面饰面工程、涂饰工程、细部工程、厨房工程、卫浴工程、电气工程、智能化工程、给水排水与采暖工程、通风与空调工程、室内环境污染控制等 16 个项目。

（3）住宅室内装饰装修工程质量验收程序与组织（略）

任务 2　装饰工程分部分项工程的划分

一、建筑工程项目划分

建筑工程应划分为单位(子单位)工程、分部(子分部)工程、分项工程。

建筑工程项目划分结构图如图 1-8 所示。

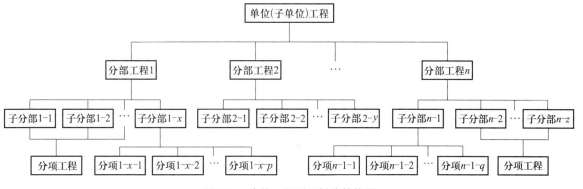

图 1-8　建筑工程项目划分结构图

二、单位工程的划分

（1）具备独立施工条件并能形成独立使用功能的建筑物及构筑物为一个单位工程。例如一个办公楼可以作为一个单位工程,一个商场也可以作为一个单位工程。

（2）建筑规模较大的单位工程,可将其能形成独立使用功能的部分作为一个子单位工程。例如某商务酒店可以分为主楼、配楼两个子单位工程,或分为 A 座、B 座等子单位工程。

三、分部工程的划分

（1）分部工程的划分应按专业性质、建筑部位确定。建筑装饰装修工程是建筑工程(单位工程或子单位工程)的分部工程。

（2）当分部工程较大或较复杂时,可按材料种类、施工特点、施工程序、专业系统及类别等划分为若干子分部工程。

建筑装饰装修分部工程包括地面装饰工程、抹灰工程、门窗工程、吊顶工程、轻质隔墙工程、饰面板(砖)工程、幕墙工程、涂饰工程、裱糊与软包工程、细部工程等若干个子分部工程。

在中小型装修(如住宅装修)工程中通常会有少量的水电设备安装等内容,所以也可以把水电设备安装等看作装饰装修的子分部工程。

建筑工程分部工程、子分部工程划分见表 1-1。

表 1-1 建筑工程分部工程、子分部工程划分

序号	分部工程	子分部工程
1	地基与基础	地基、基础、基坑支护、地下水控制、土方、边坡、地下防水
2	主体结构	混凝土结构、砌体结构、钢结构、钢管混凝土结构、型钢混凝土结构、木结构等
3	建筑装饰装修	抹灰、门窗、吊顶、轻质隔墙、饰面板(砖)、幕墙、涂饰、裱糊与软包、细部、地面等
4	建筑屋面	基层与保护、保温与隔热、防水与密封、瓦面与板面、细部构造
5	建筑给水排水及供暖	室内给水系统、室内排水系统、室内热水系统、卫生器具、室内供暖系统、室外给水管网、室外排水管网、室外供热管网等
6	通风与空调	送风系统、排风系统、防排烟系统、除尘系统、恒温恒湿空调系统、净化空调系统、冷凝水系统、空调水系统、冷却水系统等
7	建筑电气	室外电气、变配电室、供电干线、电气动力、电气照明、备用和不间断电源、防雷及接地等
8	智能建筑	智能化集成系统、信息接入系统、用户电话交换系统、信息网络系统、综合布线系统、移动通信信号覆盖系统、有线电视及卫星电视接收系统、信息化应用系统、建筑设备监控系统、火灾自动报警系统、安全技术防范系统、应急响应系统、机房、防雷与接地等
9	建筑节能	围护系统节能、供暖空调设备及管网节能、电器动力节能、监控系统节能、可再生能源
10	电梯	电力驱动的曳引式或强制式电梯、液压电梯、自动扶梯及自动人行道

四、装饰工程分项工程的划分

装饰工程分项工程应按主要工种、材料、施工工艺、设备类别等进行划分,见表 1-2。

表 1-2 建筑装饰装修工程分项工程划分

项次	子分部工程	分项工程
1	抹灰工程	一般抹灰、装饰抹灰、清水砌体勾缝
2	门窗工程	木门窗制作与安装、金属门窗安装、塑料门窗安装、特种门安装、门窗玻璃安装
3	吊顶工程	暗龙骨吊顶、明龙骨吊顶
4	轻质隔墙工程	板材隔墙、骨架隔墙、活动隔墙、玻璃隔墙
5	饰面板(砖)工程	饰面板安装(石材面板安装、陶瓷面板安装、木饰面板安装、金属面板安装、塑料面板安装),饰面砖安装
6	幕墙工程	玻璃幕墙、金属幕墙、石材幕墙、陶板幕墙
7	涂饰工程	水性涂料涂饰、溶剂型涂料涂饰、美术涂饰

续表

项次	子分部工程	分项工程
8	裱糊与软包工程	裱糊、软包
9	细部工程	橱柜制作与安装,窗帘盒、窗台板和散热器罩制作与安装,门窗套制作与安装,护栏和扶手制作与安装,花饰制作与安装
10	地面工程	基层、整体面层、板块面层、竹木面层

五、装饰工程检验批的划分

为了方便对装饰工程分项工程或子分项工程进行质量控制、抽样检查和验收,将分项工程或子分项工程划分为若干个检验批。

检验批是按相同的生产条件或按规定的方式汇总起来供抽样检验用的由一定数量样本组成的检验体。检验批可根据施工、质量控制和专业验收的需求,按分项工程的工程量、楼层、施工段、变形缝进行划分。

检验批是工程质量验收的基本单元,只有分项工程的所有检验批都通过验收,该分项工程才能通过验收。检验批由专业监理工程师组织施工单位专业质量员、专业工长等进行验收。负责验收的人员要按规定对检验批内产品进行抽样检查。抽样要随机抽取,但仍不能保证百分之百质量过关,所以施工方应保证检验批内的所有产品或对象的质量均匀一致,质量员应监督检验批内的所有对象均应符合质量要求,这就要求所有的工序都要符合质量要求。施工单位应对工程质量负责。

建筑装饰装修工程中,其工程质量是需要全程记录的,检验批的工程资料(包括施工日志、材料进场验收记录、隐蔽工程检查验收记录、检验批验收记录等)要存档,以备日后查验。所有的记录和查验资料必须保证准确无误。装饰工程如果出现质量问题或工程事故,调查取证的关键是查阅工程资料和记录,如果记录不实,要追究相关人员责任。

任务 3　装饰工程质量控制方法

一、装饰工程项目部机构组织

项目经理或技术负责人对本项目的技术、质量管理工作全面负责。装饰工程质量员是装饰施工企业工程项目部的技术人员,受项目经理或技术负责人直接领导。装饰工程项目部常见的组织结构如图 1-9 所示。

装饰工程质量员协助项目经理及技术负责人负责本工程施工质量管理工作,对施工现场出现的质量问题负主要责任。主要负责参与质量计划制订,监督材料质量控制,监督施工过程中自检、互检、交接检制度的执行情况,负责工序质量检查和关键工序、特殊工序的旁站检查,负责检验批验收,参与分项工程质量验收,监督质量问题处理,负责质量资料的汇总整理。

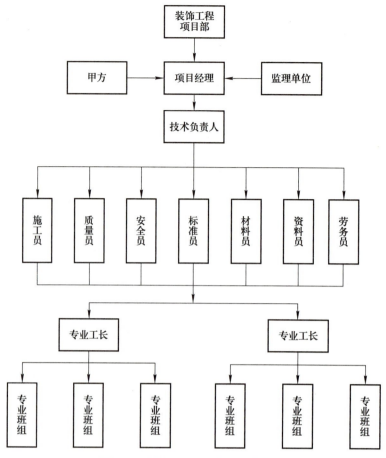

图 1-9   装饰工程项目部组织结构图

二、装饰工程质量控制流程与质量员工作流程

装饰工程质量控制流程与质量员工作流程如图 1-10 所示。

三、装饰工程质量控制方法

1. 事前质量控制

事前质量控制是在正式施工前进行的主动质量控制方法，即从设计、材料、施工工艺、施工环境、安全措施及可能出现问题的环节上进行事先预防。

（1）做好设计交底及图纸会审工作。

（2）审查施工单位提交的施工方案和施工组织设计。

（3）加强管理，完善质量保证体系和安全措施保障体系，选择优秀的施工队伍。

（4）对工程采用的新材料、新工艺、新技术进行审核，查验其技术鉴定证书。

（5）检查和复核施工现场的室内吊顶放线标高、墙体干挂石材放线及标高、地面干铺石材放线及标高、室外铝塑幕墙及石材的放线及标高，对重点部位进行复核。

（6）对工程所需原材料、构配件及半成品的质量进行检查，核查有关材料、设备的质量保证

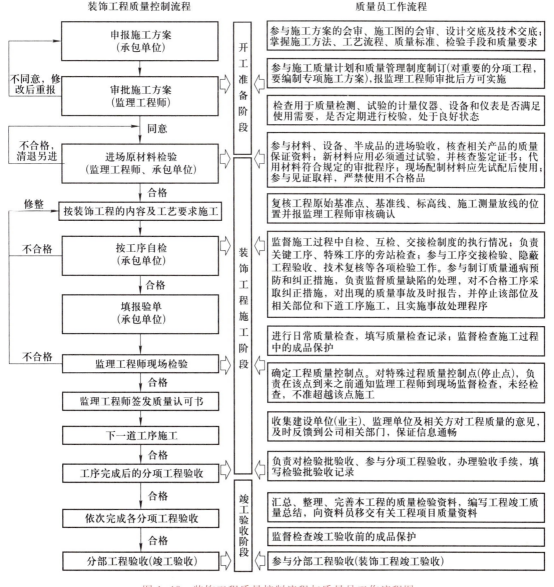

图 1-10　装饰工程质量控制流程与质量员工作流程图

资料,监督进场材料的抽样复验(见证取样送检)。

（7）对检测仪器、检测工具、检测设备进行校准、调试。

（8）对施工条件和场地环境进行评估。

2.事中质量控制

事中质量控制是指在施工过程中的质量控制。事中质量控制的关键是坚持质量标准,控制的重点是工序质量、工作质量和质量控制点。

（1）做好施工技术交底工作。

① 技术负责人对施工员、质量员进行技术交底:使施工员、质量员清楚作业范围、作业程序、技术标准、质量目标、施工进度、安全目标及其他有关注意事项。

② 施工员对工人进行技术交底:使工人知道怎么做、达到什么要求,以及施工中的操作要点及注意事项。

(2)严格落实关键工序的交接检查、隐蔽工程的检查、成品及半成品保护的检查。

前道工序质量验收合格后,才能进入下道工序施工,未经验收合格的工序,不得进入下道工序施工。

(3)重要的工程部位或专业工程,按要求进行试验或技术复核。

(4)检查和落实现场文明施工。

(5)做好安全教育及安全措施检查(防火安全、用电安全、工具设备及脚手架的安全检测)。

(6)认真填写质量检查记录,认真做好有关质量资料的整理工作。

3. 事后质量控制

(1)按质量验收标准和施工规范对已完成的检验批、分项工程,按相应的质量验收标准和施工规范严格进行检查验收。

(2)对质量不合格的工序或项目提出整改意见,认真监督施工人员对施工质量缺陷的处理,确保达到验收标准。

任务 4　装饰工程质量检测方法

一、检验批的检查与报验

1. 装饰工程质量检查从最基本的检验批开始

(1)《建筑工程施工质量验收统一标准》对检验批合格质量的条件作了如下规定:

① 主控项目和一般项目的质量经抽样检验合格;

② 具有完整的施工操作依据、质量检查记录。

(2)分项工程质量验收的合格条件为:

① 分项工程所含的检验批均应符合合格质量的规定;

② 分项工程所含的检验批质量验收记录应完整。

(3)分部工程质量验收合格应符合下列规定:

① 所含分项工程的质量均应验收合格;

② 质量控制资料应完整;

③ 有关安全、节能、环境保护和主要使用功能的抽样检验结果应符合相应规定;

④ 观感质量应符合要求。

2. 检验批验收,施工单位自检合格是前提,质量员应督促施工人员进行自检

(1)《建筑工程质量验收统一标准》强制条文规定:工程质量的验收均应在施工单位自检合格的基础上进行。

（2）《中华人民共和国建筑法》第 58 条规定：建筑施工企业对工程的施工质量负责。

3. 检验批验收，要严格执行报验手续

（1）2000 年 1 月 30 日国务院令第 279 号颁布的《建设工程质量管理条例》中规定，未经监理工程师签字，建筑材料、建筑构配件和设备不得在工程上使用或安装，施工单位不得进行下一道工序的施工。未经总监工程师签字，建设单位不拨付工程款，不进行竣工验收。

（2）《建设工程监理规范》规定，实行监理的工程，施工单位对工程质量检查验收实行报验制，并规定了报验表的格式。

实行报验，监理工程师可全面了解施工单位的施工记录和施工进度、质量管理体系等一系列问题，便于发现问题，更好地控制检验批的质量。

4. 检验批验收，应由有资质的专业人员负责

《建筑工程质量验收统一标准》规定工程的检验批验收、分项工程验收、分部工程验收、竣工验收应由不同层次的监理工程师组织实施。检验批质量验收记录，应由施工项目的专业质量员填写，监理工程师、专业质量员有权在检验批质量验收记录上签字。

监理工程师应具有国家或省部级的监理工程师岗位证书，才算是合法的验收签字人。施工单位的专业质量员，应是专职管理人员，是经总监理工程师确认的质量保证体系中的固定人员，并应持证上岗。

5. 检验批验收，内容要全面，资料应完备

检验批验收，一定要仔细、慎重，对照规范、验收标准、设计图纸等一系列文件，全面细致地检查，对主控项目、一般项目中所有要求核查的施工记录，隐蔽工程验收记录，材料构配件、设备复验记录等，通过检验批验收，消除发现的不合格项，避免遗留质量隐患。

检验批质量验收资料应包括如下资料：

（1）检验批质量报验表；

（2）检验批质量验收记录表；

（3）隐蔽工程验收记录表（如发生）；

（4）施工记录；

（5）材料、构配件、设备产品合格证书、进场验收记录；

（6）验收结论及处理意见；

（7）检验批验收，不合格项要有处理记录，监理工程师签署验收意见。

二、主要材料等进场验收

（1）材料、构配件、设备等进场验收和抽样复检由材料员负责，质量员参与监督。

（2）认真核查材料的品种、规格、数量、批次。

（3）查看材料的产品合格证书、性能检查报告。

（4）对于需要送检的项目，参与现场的见证取样。

（5）代用材料的应用要通过规定的审批程序。

（6）严禁使用不合格品。

三、"三检"制度及关键工序(重要质量控制点)的报验签证

1."三检"制度

"三检"指施工班组的自检、互检、交接检,由质量员进行监督。

(1)自检:班组长组织班组工人按相应的分项工程质量要求进行自检,班组长验收后填写自检记录。质量员应督促班组长自检,要对班组操作质量进行中间检查。

(2)互检:经自检合格的工序或分项工程,由工长组织上下工序的施工班组长互检,及时解决互检中发现的问题。

(3)交接检:上下工序的班组经互检后认为符合分项工程质量要求的,双方应填写交接检查记录,经双方签字,方准进入下道工序。办理成品保护手续,而后发生成品损坏、污染、丢失等问题时由下道工序的单位承担责任。

2. 关键工序(重要质量控制点)的报验签证

对每一关键工序检验,施工班组先进行自检,合格后报项目部质量员进行专检。先由质量员进行质量检验评定,填写施工质量验收记录表和工序质量报验单,由项目经理签字后报监理工程师验收。监理工程师组织施工单位质量员进行监理验收,合格后签证确认,同意进行下道工序施工,未经检查不准超越该点(重要质量控制点)施工。

工序质量检查验收流程如图 1-11 所示。

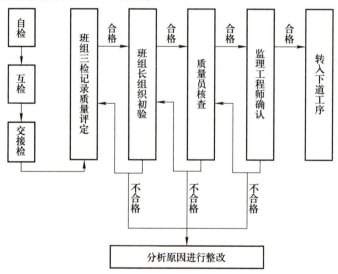

图 1-11　工序质量检查验收流程

四、隐蔽工程的检查验收

隐蔽工程是装饰工程的一个关键节点(停止点),应及时进行隐蔽验收和复核,对不合规格产品按不同程度进行标识,及时填写不合格品通知单,及时指导返工补修。做到不漏检,不合格部位不隐蔽,做好原始记录和数据处理工作,对所填写的各种数据负责。及时通知监理部门进行验收。

隐蔽工程验收由监理工程师组织,质量员参与。隐蔽工程未经验收禁止进行下道工序施工。

五、特殊工序的检查

对于重要工序或特殊工序,负责工序旁站检查(质量员或监理员在一旁守候、监督施工操作的做法),并负责填写旁站检查记录。

六、检查验收的判定方法

1. 目测

线条的顺直、色泽的均匀、有无施工接茬、图案的清晰等,都可以靠人们的视觉判定。为了确定装饰效果和缺陷的轻重程度,又规定了正视、斜视和不等距离的观察。

2. 手感

表面是否光滑、刷浆是否掉粉等,要用手摸检查;为了确定骨架饰面或饰件安装或镶贴是否牢固,需要手扳或手摇检查。在检查过程中要注意成品的保护,手摸时要"轻摸",防止因检查造成表面的污染和损坏。

3. 听声音

为了判定装饰面层安装或镶贴得是否牢固,是否有脱层、空鼓等不牢固现象,需要手敲、用小锤轻击,通过听声音来鉴别。在检查过程中应注意"轻敲"和"轻击",防止成品表面出现麻坑、斑点等缺陷。

4. 查验施工记录资料及质量资料

工程验收时要查验设计图纸、材料产品合格证、材料试验报告、复检报告、施工记录、检验批质量检查记录、隐蔽工程验收记录、监理记录等质量资料。

5. 使用专业检测工具检测

装饰工程质量主要是观察检查,有时只凭眼睛看还不行,需要使用专业检测工具实测实量,将目测与实测结合起来进行"双控",评出的质量等级更为合理。

任务 5　装饰工程竣工 验收程序

单位工程(仅含有装饰装修分部的建筑工程也应作为单位工程)完工后,施工单位应自行组织有关人员进行检查评定,并向建设单位提交《竣工验收通知书》。建设单位接到施工单位的《竣工验收通知书》后,在做好验收准备的基础上,组织监理、施工等单位共同进行竣工验收。装饰工程竣工验收程序如图 1-12 所示。

一、竣工自检与复检

竣工自检也称为竣工预检,是施工单位先进行内部的自我检查,为正式验收做好准备。一方面检查工程质量,发现问题及时补救;另一方面检查竣工图及技术资料是否齐全,并汇总、整理有关技术资料。

复检是在基层施工单位自我检查的基础上,对查出的问题全部解决以后,通过上级部门的复检,解决全部遗留问题,为正式验收做好充分准备。

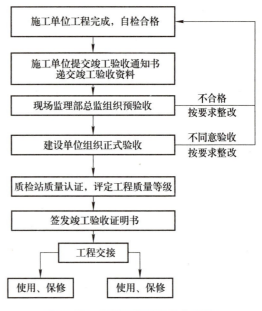

图 1-12　装饰工程竣工验收程序

二、正式验收

在竣工自检的基础上,确认工程全部符合竣工验收标准,具备了交付使用的条件即可进行装饰装修工程的正式验收工作。

1. 发出竣工验收通知书

施工单位应于正式竣工验收之日的前 10 天,向建设单位发送竣工验收通知书。

2. 递交竣工验收资料

竣工验收资料应当包括以下内容:竣工工程概况;图纸会审记录;材料代用核定单;施工组织方案和技术交底资料;材料、构配件、成品出厂证明和检验报告;施工记录;装饰装修施工试验报告;竣工自检记录;隐检记录;装饰装修工程质量检验评定资料;变更记录;竣工图;施工日记。

3. 组织验收工作

工程竣工验收工作由建设单位邀请设计单位及有关方面参加,同监理单位、施工单位一起进行检查验收。

(1)集中会议,介绍工程概况及施工的有关情况。

(2)分组分专业进行检查(包括对工程资料的检查)。

① 进行现场质量抽查;

② 对工程资料进行检查;

③ 有特殊要求的建筑装饰装修工程,竣工验收时应按合同约定加测相关技术指标;

④ 建筑装饰装修工程室内环境质量应符合国家现行标准《民用建筑工程室内环境污染控制规范》(GB 50325)的规定。

(3)集中分组汇报检查境况。

(4)提出验收意见,评定质量等级,明确具体交接时间、交接人员。

4. 签发竣工验收证明书

建设单位验收完毕并确认工程符合竣工标准和合同条款规定要求以后,即应向施工单位签发竣工验收证明书。建设单位、设计单位、质量监督单位、监理单位、施工单位及其他有关单位在竣工验收证明书上签字。

未经竣工验收合格的建筑装饰装修工程不得投入使用。

5. 进行工程质量核定

承监工程的监督单位在受理了竣工工程质量核定任务后,按照国家有关标准进行核定。核定合格或优良的工程发给合格证书,并说明其质量等级,否则不准投入使用。

6. 办理工程档案资料移交

施工项目竣工后,项目经理必须按规定向建设单位移交档案资料。移交的工程档案和技术资料必须真实、完整、有代表性,能如实反映工程和施工中的情况。

7. 办理工程移交手续

工程检查验收完成以后,施工单位要向建设单位办理工程移交手续,并签订交接验收证书,办理工程结算手续。

8. 办理工程决算

整个工程项目完工验收,并办理了工程结算手续后,要由建设单位编制工程决算,上报有关部门。至此,整个装饰装修工程的全部过程即告结束。

任务 6　装饰工程常用检测工具的使用

一、装饰工程常用多功能检测工具包

装饰工程常用多功能检测工具包中的主要工具有 2 m 垂直检测尺、对角检测尺、内外直角检测尺、楔形塞尺、5 m 磁力线坠、卷线器、25 g 响鼓锤、10 g 钢针小锤等,如图 1-13 所示。

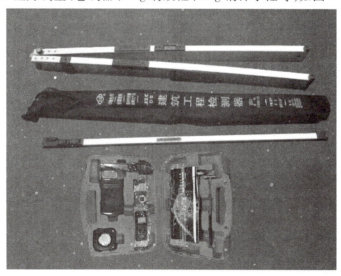

图 1-13　多功能检测工具包

1. 2 m 垂直检测尺(也称为主尺或靠尺)

规格:2 000 mm×55 mm×25 mm(折叠后规格 1 000 mm×55 mm×25 mm);测量范围:2 000 mm;精度误差:±0.5 mm。

垂直检测尺用于垂直度检测、水平度检测、平整度检测。垂直检测尺是家装监理中使用频率最高的一种检测工具,主要用于墙面、门窗框、装饰贴面等工程的平整度、垂直度和地板龙骨的水平度、平整度等的检测。

（1）垂直度检测

用于 1 m 检测时，推下仪表盖，向上推活动销推键，将垂直检测尺左侧面靠紧被测面。注意握尺要垂直，观察红色活动销外露 3~5 mm，摆动灵活即可。待指针自行摆动停止时，直读指针所指下行刻度数值，此数值即被测面 1 m 垂直度偏差，每格为 1 mm。

用于 2 m 检测时，将垂直检测尺展开后锁紧连接扣，检测方法同上，直读指针所指上行刻度数值，此数值即被测面 2 m 垂直度偏差，每格为 1 mm。如被测面不平整，可用右侧上下靠脚（中间靠脚旋出不用）检测。

（2）平整度检测

将垂直检测尺侧面靠紧被测面，其缝隙大小用楔形塞尺检测（楔形塞尺内容在后面介绍），其数值即平整度偏差，如图 1-14 所示。

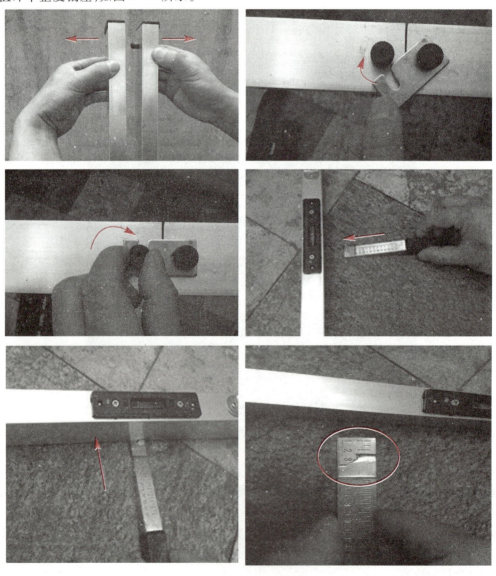

图 1-14　平整度检测

（3）水平度检测

垂直检测尺侧面装有水准管,可检测水平度,用法同普通水平尺。

（4）校正方法

检测垂直度时,如发现仪表指针数值有偏差,应将垂直检测尺放在标准器上进行校对调正。标准器可自制:将一根长约 2.1 m 的水平直方木或铝型材竖直安装在墙面上,由磁力线坠调整垂直,将垂直检测尺放在标准水平物体上,用十字螺丝刀调节水准管"S"螺钉,使气泡居中。

2. 对角检测尺

规格:970 mm×22 mm×13 mm;测量范围:1 000~2 420 mm;精度误差:±0.5 mm。

对角检测尺是检测门、窗架对角线长度偏差的工具。检测方形物体两对角线长度偏差,可将对角检测尺放在方形物体的对角线上进行测量,如图 1-15 所示。

图 1-15 用对角检测尺检测两对角线长度偏差

对角检测尺为 3 节伸缩式结构,检测时,大节尺推键应锁定在中节尺上某挡刻度线"0"位,再将对角检测尺两端尖角顶紧被测对角顶点,固紧小节尺。检测另一对角线时,松开大节尺推键,检测后再固紧,目测大节尺推键在刻度线上所指的数值,此数值就是该物体上两对角线长度的偏差值(单位为 mm)。

3. 内外直角检测尺

规格:215 mm×40 mm×26 mm;测量范围:7~130 mm;精度误差:±0.5 mm。

内外直角检测尺如图 1-16 所示,用于检测物体上内外(阴阳)直角的偏差,以及一般平面的垂直度与水平度。

图 1-16　内外直角检测尺及其应用

4. 楔形塞尺

规格:150 mm×15 mm×17 mm;测量范围:1~15 mm;精度误差:±0.5 mm。

楔形塞尺如图1-17所示,用于检测建筑物体上缝隙的大小及物体平面的平整度(需配合垂直检测尺)。

图1-17　楔形塞尺

5. 5 m 磁力线坠

磁力线坠用于检测建筑物体的垂直度及用于砌墙、安装门窗或电梯等任何物体的垂直校正、目测对比,其体积小,使用方便。

磁力线坠可以靠强磁力将线盒吸在钢铁等表面上,也可以通过盒体上的小钢针插入木材表面或砖缝中,还可以利用盒体背后的挂钩固定在带槽铝合金、门窗套等表面,如图1-18所示。

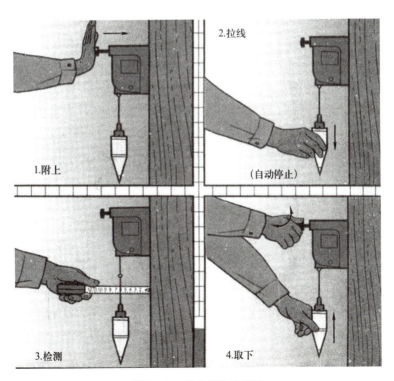

图1-18　磁力线坠的用法

6. 卷线器

卷线器为 65 mm×65 mm×16 mm 塑料盒式结构,内有尼龙丝线,拉出全长 15 m,可检测建筑物体是否平直,用于砖墙砌体灰缝、踢脚线等用其他检测工具不易检测是否平直的部位。检测时,拉紧两端尼龙丝线,放在被测处,目测观察对比。检测完毕后,顺时针旋转卷线手柄,将尼龙丝线收入盒内,然后锁上方扣。

7. 25 g 响鼓锤

响鼓锤如图 1-19 所示,用响鼓锤轻轻敲击抹灰后的墙面,可以判断墙面的空鼓程度及砂灰与砖、水泥黏结的黏合质量。响鼓锤也可用来检测地板砖的空鼓情况。

8. 10 g 钢针小锤

钢针小锤如图 1-19 所示,用钢针小锤轻轻敲击玻璃、马赛克、瓷砖,可以判断空鼓程度及黏合质量。使用时拔出塑料手柄,里面是尖头钢针,用钢针向被检物戳几下,可探查多孔板缝隙、砖缝等处砂浆是否饱满。

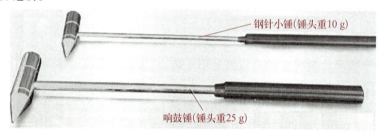

图 1-19　响鼓锤与钢针小锤

二、激光测距仪

激光测距仪是广泛用于装饰、土建施工和检测等的专业测量工具,用激光测距仪测量长度和高度如图 1-20、图 1-21 所示。常用的有博世、华盛昌、大有等品牌,下面以华盛昌(CEM)LDM-100 激光测距仪为例介绍激光测距仪的特点、结构、使用方法、使用注意事项。

图 1-20　测量长度

图 1-21　测量高度

1. 激光测距仪的特点

激光测距仪的测量范围为 0.05~70 m,测量精度可达±1.5 mm。激光测距仪使用简单、安全,仅需单人操作,不需要借助其他工具(如梯子等)即可完成所有的测量工作,即使是难以接近的部位也可轻松应对,从而在最大程度上避免了伤害事故的发生。

华盛昌(CEM)LDM-100 激光测距仪的主要特点如下:

(1)具有面积、体积的计算功能;

(2)可以运用勾股定理间接测量;

(3)具有加减功能;

(4)具有连续测量功能;

(5)可以跟踪最大与最小距离;

(6)具有照明显示与多行显示;

(7)具有蜂鸣提示;

(8)外观小巧,使用 2 节 1.5 V 电池正常情况下可实现 4 000 次测量;

(9)具有自动关激光提示:不操作 30 s 后;

(10)具有自动关机功能:不操作 3 min 后。

2. 华盛昌(CEM)LDM-100 激光测距仪的结构

华盛昌(CEM)LDM-100 激光测距仪面板及按键如图 1-22 所示。

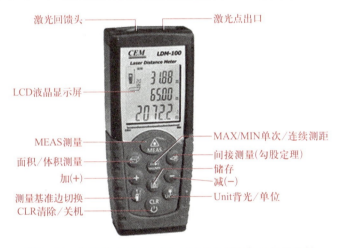

图 1-22　华盛昌(CEM)LDM-100 激光测距仪面板及按键

3. 华盛昌(CEM)LDM-100 激光测距仪的使用方法

(1)打开激光测距仪电池仓,按正负极标识正确装入电池。

(2)按红色 MEAS 测量键开启激光测距仪(注意激光点出口不要对着眼睛),瞄准目标后再按一下,测量结果显示在 LCD 液晶显示屏上。

(3)CLR 清除/关机键:短按清除最后一组数据;长按 2 s 关闭仪器。

(4)Unit 背光/单位键:短按开启/关闭屏幕背光;长按 3 s 切换测量单位(m、in、ft、ft+in)。

(5)MAX/MIN 单次/连续测距键:长按此键直到发出蜂鸣声,显示进入连续测量模式,将激光在测量目标周围大面积扫过(如墙角),仪器将记录最大值和最小值,如图 1-23 所示。连续测量 100 次后将自动退出此模式,按 MEAS 或 CLR 键也可停止连续测量。

(6)加(+)键:将当前测量值与前一个测量值相加。

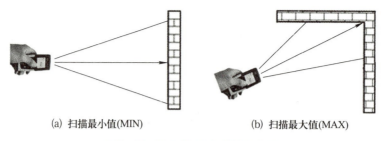

(a) 扫描最小值(MIN)   (b) 扫描最大值(MAX)

图 1-23   最大值、最小值测量方法

（7）减（-）键：将当前测量值与前一个测量值相减。

（8）面积/体积测量键：

① 按一下进入面积测量模式，此时按 MEAS 键测量第一个距离（如长度），再按 MEAS 键测量第二个距离（如宽度），面积的计算结果显示在主显示行内，长度、宽度值显示在第一、第二辅助显示行内。

② 按两下进入体积测量模式，分别按 MEAS 键进行长度、宽度、高度的测量，最终体积的计算结果显示在主显示行内。

（9）测量基准边切换键：可实现以顶部或者底部为起点测量的切换，如图 1-24 所示。

图 1-24   测量基准边切换显示

（10）间接测量键：按下此键，按提示依次进行斜边和一个直角边的测量，最终显示直角三角形另一个直角边的长度，如图 1-25 所示。

（11）储存键：按下此键可储存并查阅记录数据，利用加（+）、减（-）键可以进行上、下翻阅。在此模式内同时按储存键和 CLR 键清除所有记录数据。

4. 激光测距仪的使用注意事项

（1）远离高温、高湿环境。

（2）避免磕碰，以免损坏仪器。

（3）使用前应先设置测量起点。

（4）不能将激光束射向人的眼睛，以免伤害眼睛。

（5）电池要定期更换，防止使用劣质电池，以免电池漏液损坏仪器。

图 1-25　利用勾股定理间接测量高度 *H*

三、数显游标卡尺

数显游标卡尺是新型的精确测量仪器,内装有纽扣电池,可在屏幕上直接显示测量结果,精度可达 ±0.01 mm。数显游标卡尺主要用于测量钢管内径、钢筋外径、钢板厚度、槽口深度等。

1. 数显游标卡尺的特点

(1) 可以在任意位置清零。

(2) 可以进行米制与英制转换。

(3) 具有手动电源开关。

(4) 可以在任意位置开关电源。

(5) 测量原点(零点)不变。

(6) 具有微调功能。

(7) 长时间不用时自动关机。

(8) 显示窗口采用特殊石英玻璃制成,抗划伤能力强。

2. 数显游标卡尺的结构

数显游标卡尺结构如图 1-26 所示。

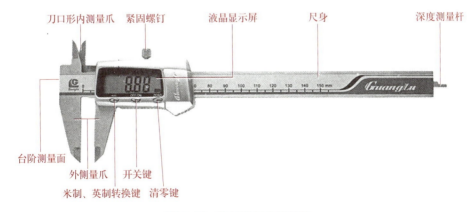

图 1-26　数显游标卡尺结构

3. 数显游标卡尺的使用方法

数显游标卡尺的使用方法如图 1-27 ~ 图 1-30 所示。

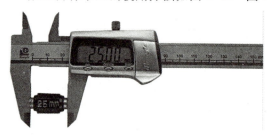

图 1-27　测量外尺寸

图 1-28　测量内径

图 1-29　测量深度

图 1-30　测量台阶高度

4. 数显游标卡尺的使用注意事项

（1）远离磁场和高温、高湿环境。

（2）避免磕碰，以免仪器损坏或使读数不准确。

（3）使用前先用手轻推合并好测量爪，检查"0"刻度是否准确，如果有偏差，应清零。

（4）测量内径时，内测量爪应贴直径方向，不能偏斜。

（5）测量外尺寸时，外测量爪应紧贴测量面。

（6）测量深度时，深度测量杆应与被测工件底面垂直。

装饰工程施工预检

单元概述

本单元主要包括以下任务：查看现场与主体结构交验；装饰安全文明施工措施检查；主要材料进场验收与复验；测量放线的检查。

单元目标

1. 知识目标

熟悉土建、装饰工程交接流程和交接方法；熟悉装饰安全文明施工措施的检查项目和检查方法；熟悉测量放线检查的项目和检查方法。

2. 专业能力目标

会进行土建、装饰交接验收，会填写预检记录表；能够按要求进行安全文明施工措施的检查；会对主要材料进行进场验收，会填写主要材料进场验收记录表；会进行测量放线的检查，会填写装饰工程测量放线复核单。

3. 专业素养目标

树立高度负责的责任心、高度的质量意识和安全意识。

任务 1 查看现场与主体结构交验

各土建总包施工单位对工程项目完工后须组织自检自查,按国家有关各项质量标准提供自检的质量评定表交监理,由监理抽查验收,整改完后由建设单位牵头,组织监理单位、土建施工单位和装饰施工单位进行验收,验收合格后移交装饰施工单位施工。

土建、装饰交接验收分为预验收和交接验收两个阶段,为装饰施工提供合格作业面,避免原土建质量的各种因素带来的进度失控、装饰造价不准确及装饰施工后产生的质量无法追溯等问题。

建筑装饰工程开工前一定要到现场实地查看是否符合开工条件,办理交接手续。

一、土建、装饰工程交接流程

土建、装饰工程交接流程图如图 2-1 所示。

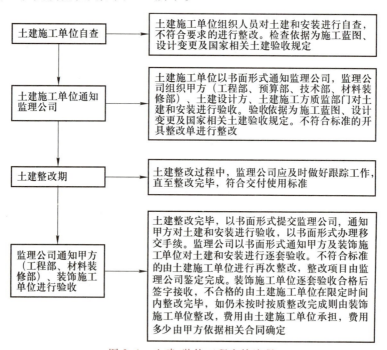

图 2-1 土建、装饰工程交接流程

二、土建工程与装饰工程之间的交接

土建工程与装饰工程之间的交接项目如下:

1. 主体结构是否通过验收

确认主体结构是否通过验收。

2. 抹灰工程质量及成品保护情况

（1）内墙面墙体为黏土空心砖的双面抹灰每面粉刷厚度严格控制在 20 mm，按建筑施工图要求留出洞口尺寸；门洞口处（包括侧边）全部抹灰压平。

（2）厨房（包括烟道）、卫生间墙面抹灰搓毛不压光，其余墙面均压光。厨房、卫生间上下水立管背面墙面亦须抹灰，做到先抹灰后安装管道。

（3）地面：土建施工单位不做找平层，但混凝土面的平整度应达到质量验收规范要求。

（4）顶棚：厨房、卫生间顶板及装修图中有吊顶部分（具体范围另行要求）不做处理，其余顶棚均要求土建施工单位水泥浆加胶抹平，平整度达到国家相关验收标准。

（5）楼梯：单元楼梯及复式楼梯底板及侧面须按施工图粉刷到位，踏步面层不粉刷；踏步高度等结构尺寸误差应符合质量验收规范的要求；单元楼梯踏面不做找平，墙面要求土建施工单位粉刷到底（踢脚处无须留），地砖、栏杆、扶手及涂料由装饰施工单位完成。

3. 对结构的标高、轴线、门窗洞口的尺寸测量

由土建施工单位负责标识每层的 ±0.000 标高位置，由装饰施工单位复核各房间几何尺寸、楼板标高、梁底标高、门窗洞口底面标高、设备管线底面标高、预留门洞的位置尺寸等是否符合原设计要求，由装饰施工单位按土建质量验收标准复查平顶墙面、地坪阴阳角、内墙粉刷等装饰施工单位需要确认的项目。

4. 土建预留孔洞口位置和尺寸

由装饰施工单位检查各功能预留洞口是否正确。

5. 露台、厨卫间防水的闭水试验情况（重点项目）

所有露台、厨卫间交接时要求土建施工单位做闭水试验，由装饰施工单位确认不渗漏。

室内防水工程由土建施工单位在装饰施工单位进场之前完成，在交接面验收时由土建施工单位、装饰施工单位、监理单位在场进行闭水试验，合格后各方签字确认，由装饰施工单位接收进行后续工作。墙地砖完工后由土建施工单位、装饰施工单位、监理单位、甲方在场进行第二次闭水试验，确认合格后各方签字确认。

5 年防水工程保修责任由土建施工单位承担，起算时间为项目入住日。如装饰施工单位在施工过程中对防水造成破坏将承担相关损失费用，由土建施工单位进行防水二次施工。

6. 阳台、露台部位排水倒坡验收

阳台、露台部位要求装饰施工总包单位进行排水倒坡验收。

7. 管线设备的调试与验收情况

（1）由装饰施工单位检查各功能之上下管道位置是否准确、有无遗漏，并检查是否畅通，冷热水管要打水试压检查。

（2）由装饰施工单位检查各功能照明开关、插座及弱电部分的各种线盒是否到位，标高、位置是否有误。

（3）所有厨卫间给排水设备应按照给排水安装工程质量验收规范做给水水压测试、排水通球测试、管线密闭性测试等相关测试，由装饰施工单位现场确认。

（4）检查通风管道及其他管道安装的底面标高、位置是否有误。

8. 采暖工程验收情况（重点项目）

采暖工程由土建施工单位在装饰施工单位进场之前完成（包括暖沟回填），在交接面验收时由土建施工单位、装饰施工单位、监理单位、甲方在场进行管路打压测试，合格后各方签字确认。

由土建施工单位将暖气片拆除,装饰施工单位接收进行后续工作。装饰施工收尾阶段由土建施工单位进行暖气片挂装(安装时间由装饰施工单位确定),装饰施工单位负责监督挂装过程的成品保护。挂装完工后由土建施工单位、装饰施工单位、监理单位、甲方在场进行第二次打压试验,合格后各方签字确认。2 年采暖工程保修责任由土建施工单位承担,起算时间为项目入住日。如装饰施工单位在施工过程中对采暖设备造成破坏将承担相关损失费用,由土建施工单位进行二次施工,费用由装饰施工方支付。

9. 临时用水、用电、电梯、场外道路情况

临时用水、用电、高层建筑的电梯、场外道路等能否正常使用。

10. 相关资料

相关技术资料是否完善,是否完全具备进行装饰工程施工的条件。

交接完成后,必须办理移交签字手续。移交完成后,成品保护由装饰施工单位负责,发生的未记录的因为成品破坏引起赔偿由装饰施工单位承担(除结构安全、土建结构裂缝、外墙渗漏外的其他质量责任转移到装饰施工总包单位,装饰施工总包单位承担相应的接收后房屋质量责任)。

三、装饰施工单位填写预检工程检查记录

预检工程检查记录由装饰施工单位填写,样表见表 2-1。

表 2-1 预检工程检查记录

年   月   日

工程名称							
作业队				要求检查时间			
预检内容	预检部位名称			说 明			
检查意见							
要求复查时间		复查意见		复查人: 年 月 日			
填表人	参加检查人员签字盖章						
	监理单位	项目技术负责人		质量员		施工员	班组长

四、填写交接单

土建移交精装修质量验收记录（交接单）样表见表 2-2。

表 2-2　土建移交精装修质量验收记录

楼号		楼层	
位置或项目		存在问题	
大厅			
楼梯间			
走道			
房间			
门窗及洞口			
厨房、卫生间			
露台			
强电			
弱电			
设备、管线			
总包方签字：	装修方签字：		监理意见：

备注：除闭水打压等有专用表格外，其他所有交接验收问题用此表作附件记录，明确验收的项目和内容即可。问题记录必须明确位置和数据。

任务 2　装饰安全文明施工措施检查

装饰安全文明施工措施检查包括以下内容：

（1）安全文明施工规章制度及安全施工操作规程检查；

（2）安全教育与培训检查；

（3）用电安全和用水安全检查；

（4）消防安全检查；

（5）电动工具安全检查；

（6）环境保护措施检查。

一、安全文明施工规章制度与安全施工操作规程检查

具体检查项目包括：

（1）施工现场要安放安全文明施工的规章制度牌和安全警示牌，安放安全施工操作规程招贴牌。

（2）甲方和装饰施工企业从事住宅室内装饰施工活动，不得侵占公共空间，不得损害公共部位和设施。

（3）脚手架搭设应符合要求，搭设完毕，应由施工负责人组织有关人员参加按照施工方案和规范分段进行逐项检查验收，确认符合要求后方可投入使用。

二、安全教育与培训检查

具体检查项目包括：

（1）现场的所有管理、操作人员都应经过安全教育与培训，并且要定期进行安全教育和文明施工教育。

（2）新的工序开工前由施工员进行安全技术交底，明确安全技术难点，消除隐患。

（3）采用新技术、新设备、新材料、新工艺前，应对有关人员进行安全知识教育、操作技能培训。

（4）特殊工种作业人员，必须按规定参加了安全操作考核，取得有关监察部门核发的安全操作合格证后才能上岗。

三、用水安全与用电安全检查

具体检查项目包括：

（1）对厨卫等房间的下水管口、地漏等采取临时封盖措施，避免因装饰施工过程中落入水泥、砂子及其他材料或物品导致下水管堵塞。

（2）不得在未做防水的地面蓄水。临时用水管不得有破损、滴漏。

（3）施工现场的临时用电，应严格按照用电的安全管理规定，加强电源管理，防止发生电气火灾和人身伤亡事故。施工现场用电应设立临时施工用电系统，安装、维修或拆除临时施工用电系统应由电工完成。

（4）临时施工供电开关箱中应装设漏电保护器。进入开关箱的电源线不得用插销连接。

（5）临时用电线路应避开易燃、易爆物品堆放处。

四、施工现场消防检查

施工现场消防检查包括：

（1）施工现场的平面布置和施工方法，均应符合消防安全要求。

（2）施工现场应明确划分明火作业、易燃材料、仓库、办公等区域。

（3）施工单位应建立相应的消防管理制度，并应配备必要的消防设备、器具和防烟火警示

牌,由专人管理。

（4）氧气瓶、乙炔瓶等焊割设备上的安全附件应完整有效,否则严禁使用。

（5）施工现场的可燃、易爆材料要堆放规整,保持良好的通风,放置灭火装置和警示牌。

（6）管道、设备等的安装及调试应在装饰工程施工前完成,当必须同步进行时,应在饰面层施工前完成。涉及燃气管道的装饰工程必须符合有关安全管理的规定。

（7）装饰工程中所用的材料的燃烧性能应符合现行国家标准《建筑内部装修设计防火规范》（GB 50222）、《建筑内部装修防火施工及验收规范》（GB 50354）、《建筑设计防火规范》（GB 50016）、《高层民用建筑设计防火规范》（GB 50045）的规定。木材、人造板材等可燃材料应按设计要求进行防火处理。

（8）装饰施工不得遮挡消防设施、疏散指示标志及安全出口,并且不应妨碍消防设施和疏散通道的正常使用。

（9）消火栓门四周的装饰材料颜色应与消火栓门的颜色有明显区别。

五、手持式电动工具的安全检查

具体检查项目有:

（1）对于手持式电动工具的使用管理应按照《手持式电动工具的管理、使用、检查和维修安全技术规程》（GB 3787）的要求。

（2）使用 I 类电动工具金属外壳应做保护接零,在加装漏电保护器的同时,作业人员还应穿戴绝缘防护用品。

（3）露天、潮湿场所或在金属构架上操作时,严禁使用 I 类电动工具。

（4）发放使用前,应对手持式电动工具的绝缘值进行检测,I 类工具应不低于 2 MΩ,II 类工具应不低于 7 MΩ。

（5）手持式电动工具自带动力软电缆不允许任意拆除或接长,插头不得任意更换。当不能满足作业距离时,应采用移动式电箱解决,避免接长电缆带来的隐患。电源线不准使用胶质线、花线、护套线及一般皮线,插头、插座应完好无损。

（6）工具中运动的（转动的）危险零件,必须按有关的标准装设防护罩,不得任意拆除。

六、环保措施

具体环保措施包括:

（1）施工单位应遵守有关环境保护的法律法规,并应采取有效措施控制施工现场的各种粉尘、废气、废弃物、噪声、振动等对周围环境造成的污染和危害。

（2）施工单位应遵守有关施工安全、劳动保护、防火和防毒的法律法规,建立相应的管理制度,并配备必要的设备、器具和标识。

（3）噪声控制措施:

① 施工中采用低噪声的工艺和施工方法。

② 合理安排施工工序,靠近住宅区的施工现场严禁在中午和夜间进行产生噪声的施工作业。

 任务3 主要材料进场
验收与复验

装饰工程所购材料和设备设施,必须保证质量,符合设计和规范要求,符合国家规定的环保要求,并附有权威部门的检测报告。装饰材料须进行预检,并应当进行过程抽检。装饰施工单位采购的材料和设备设施必须先行自检,再报验;验收不合格,不准进场,且一切损失由装饰施工单位承担。

一、材料进场验收工作的基本要求

材料进场验收工作要把好"三关",做到"三不收"。"三关"即质量关、数量关、单据关,"三不收"即凭证手续不全不收、规格数量不符不收、质量不合格不收。

对于验收入库材料的品种、规格、质量、数量、包装及成套产品的配套或配件都要认真检查,做到准确无误,并在规定的时间内及时验收完毕,填写验收记录。

二、材料验收工作程序

1.材料报审

工程材料报审表(样表见表2-3)包括报审表封面、资质文件(厂家提供的原材料合格证、质量保证书及检测报告)、数量清单(须注明材料品种、规格、型号、数量、施工部位,见表2-4)、自查结果(见表2-5材料进场验收记录中施工单位自检情况)。

表2-3 工程材料报审表

工程名称:郑州市 ×× 医院建设工程室内装饰工程医技楼内装   编号:

致:××工程建设监理公司

我方于 2013 年 8 月 3 日进场的工程材料数量见附件。现将质量证明文件及自检结果报上,请安排复检,拟用于下述部位:

医技楼负一层地面

请予以审核。

附件:1.进场材料(设备)数量清单
2.质量证明文件
3.自检结果(见材料进场验收记录)

承包单位(章):
项目经理: 日期:

续表

审查意见：

项目监理机构：

总/专业监理工程师：　　　　　　　　　　　　　　日期：

郑州市重点建设工程质量监督中心监制

表 2-4　进场材料（设备）数量清单

工程名称：郑州市 ×× 医院建设工程室内装饰工程医技楼内装

序号	名称	规格	单位	数量	产地
1	瓷砖	600×600	mm	3 300	××股份有限公司
2					
3					
4					

自检结果：

符合设计及规范要求

承包单位（章）：＿＿＿＿＿＿＿

质量员：＿＿＿＿＿＿＿

技术负责人：＿＿＿＿＿＿＿

年　　月　　日

郑州市重点建设工程质量监督中心监制

表 2-5　材料进场验收记录

工程名称	郑州市××医院建设工程室内装饰工程医技楼内装		
生产厂家	××股份有限公司	进场时间	2013.08.03
材料名称	瓷砖	规格型号	600 mm×600 mm
合格证编号	/	代表批量	3 300/m²
出厂检验报告号	X100418	复试报告编号	
使用部位	医技楼负一层地面	抽查方法及数量	
检查内容	施工单位自检情况	监理（建设）单位验收记录	
材料名种	陶瓷砖		
材料规格尺寸	600 mm×600 mm		
材料包装、外观质量	合格		

续表

产品合格证书、中文说明书及性能检测报告	合格	
进口产品商品检验证明	/	
物理、力学性能检验情况	合格	
其他	/	
验收意见	符合要求	

施工单位:(签章)	监理单位:(签章)
材料员:	
质量员:	监理工程师:
年　月　日	年　月　日

郑州市重点建设工程质量监督中心监制

2. 验收准备

验收准备包括:搜集有关合同、协议及质量标准等资料;校准检测工具;计划堆放位置及铺垫材料;安排搬运人员及工具。

3. 检查材料、半成品或设备的质量资料

材料半成品或设备验收前要认真核对质量资料,这些质量资料主要包括产品合格证书、同批次的产品质量检测报告。

4. 检验实物

核对资料后进行实物验收,包括质量验收及数量、规格、型号、颜色的验收。

监理单位填写材料进场验收记录并签字。

5. 见证取样复验

涉及安全、节能、环境保护及主要使用功能的装饰材料或半成品,在使用前需通知总包单位及监理单位取样员进行现场见证取样复验,复验合格后方可投入现场使用。

6. 办理入库手续

材料验收合格后,根据质量合格的实收数量,及时办理入库手续并填写"材料入库验收单"。

三、材料复验要求

《建筑工程施工质量验收统一标准》中规定:"凡涉及安全、节能、环境保护和主要使用功能的有关产品,应按各专业工程质量验收规范规定进行复验,并应经监理工程师检查认可。"装饰分部工程中的各个子分部工程材料或半成品的复验要求见表2-6。

表 2-6　装饰分部工程中的各个子分部工程材料或半成品的复验要求

序号	装饰分部工程子分部工程名称	材料或半成品名称	复验项目
1	抹灰工程	水泥	凝结时间、安定性
2	门窗工程	人造板	甲醛含量
		外墙金属门窗、塑料窗	抗风压、空气渗透、雨水渗透
3	吊顶工程	人造板	甲醛含量
4	轻质隔墙工程	人造板	甲醛含量
5	饰面板(砖)	花岗石(室内)	放射性
		水泥(粘贴)	凝结时间、安定性、抗压强度
		外墙陶瓷面砖	吸水率、抗冻性(寒冷地区)
6	幕墙工程	铝塑复合板	剥离强度
		石材	弯曲强度
		石材(寒冷地区)	抗冻性
		花岗石(室内)	放射性
		建筑幕墙用结构胶	邵氏硬度
			标准条件拉伸黏结强度
			相容性试验
		石材幕墙用结构胶	黏结强度
		石材幕墙用密封胶	污染性
7	涂饰工程	水性涂料、防火涂料、胶黏剂	TVOC、甲醛释放量
		溶剂型涂料和胶	TVOC、苯
8	裱糊与软包工程	人造板	甲醛含量
9	细部工程	人造板	甲醛含量
10	建筑地面工程	人造板、复合地板、强化地板	甲醛含量
		花岗石(室内)	放射性
		水泥	凝结时间、安定性、抗压强度
11	电气工程	开关、插座、接线盒及面板	塑料绝缘材料阻燃性能(有异议时,按检验批委托有资质的第三方检测单位检测)
		电线、电缆	绝缘性能、导电性能和阻燃性能(有异议时,按检验批委托有资质的第三方检测单位检测)
		绝缘导管及配件	阻燃性能(有异议时,按检验批委托有资质的第三方检测单位检测)

任务 4   测量放线的检测

为保证装饰工程的施工质量,做到结构安全、装饰美观、甲方满意,在工程施工前应认真细致地做好对原结构的检查、测量工作,了解现状,确定地面、墙面、吊顶、屋面等分部、分项工程的测量控制点。

一、装饰工程测量放线检测的内容

装饰工程测量放线检测的主要内容有:

1. 检测仪器的检查和校正

对激光经纬仪、激光标线仪、激光测距仪等电子工具和手工检测工具等进行检查和校正。

2. 检测 50 cm(或 1 m)水平控制线

50 cm(或 1 m)水平控制线的测设允许误差应符合表 2-7 的要求。室内的 50 cm(或 1 m)水平控制线是控制地面标高、门窗安装等项目的重要依据,在弹墨线时应注意墨线的宽度不得大于 1 mm,防止误差扩大。

表 2-7   项目精度要求

项目		精度要求
水平线(室内、室外)		1. 每 3 m 两端高差小于 ±1 mm; 2. 同一条水平线的标高允许误差为 ±3 mm
铅垂线	室内	经纬仪两次投测校差小于 2 mm
	室外	误差小于 1/3 000

3. 对原有建筑物的检测

对原有建筑物的墙面平整度、垂直度检测,对地坪高差、室内标高、梁底标高、门窗洞口标高、设备管线的底面标高进行复核。用水准仪检测地面面层的平整度和标高时,水准仪的间距应符合以下要求:大厅应小于 5 m,房间应小于 2 m。

4. 门窗安装施工测量放线的检测

门窗口的水平位置由室内 50 cm(或 1 m)水平控制线确定,向上返到窗下皮标高,并弹线找直。对于走廊中的各门口应从水平控制线测至门口上皮标高并拉通线,保证所有的门高在同一水平线上,其精度应符合表 2-7 的要求。

5. 吊顶工程施工测量放线的检测

(1)检测吊顶标高线   根据已弹出的 50 cm(或 1 m)水平控制线(标高基准线),用钢尺量至吊顶的设计标高,并在四周的墙上弹出水平控制线(吊顶标高线),多级顶要分别弹出对应的分级标高线。

(2)检测吊顶造型控制线   在顶板上弹出十字直角定位线,其中一条线应确保和外墙平行,以保证美观。吊顶的造型线弹在顶板上,尺寸和位置应符合设计要求(用激光标线仪将线从墙面引向顶板,检查弹线有无偏差)。

(3)检测主龙骨中心线　在一端墙面的吊顶标高线上弹出主龙骨中心线的分档线,用激光标线仪将分档线从墙面引向顶板,检查弹线有无偏差。

(4)检测吊点位置　在相邻墙面的吊顶标高线上弹出吊点间距分档线,用激光标线仪将分档线从墙面引向顶板,与主龙骨中心线的交点即为吊点位置,检查吊点位置有无偏差。如果吊点位置与上部设备管线或结构有冲突,应调整吊点位置或增加吊点。

(5)对于会议室、门厅等灯具、装饰物较多的复杂房间,在吊顶前将其设计尺寸在铅垂投影的地面上按1∶1放出大样,后投点到顶棚,确保位置正确。

6.轻质隔墙工程测量放线的检测

(1)检查沿地龙骨、沿墙龙骨(其允许误差应符合表2-7的要求)、沿顶龙骨的位置线,三线应交圈,位置应准确。

(2)检查门窗洞口的位置线,位置应准确。

(3)检查竖龙骨的间距线,增设的加强龙骨应符合要求。

7.墙柱面装饰施工测量放线的检测

墙面装饰测量精度的一般规定:

(1)内墙面竖直控制线投测精度要求:1/3 000。水平控制线精度应符合表2-7的要求。

(2)外墙装修时,控制墙面竖直、平整的铅垂线投测精度要求:两台经纬仪投测结果校差应小于2 mm。墙面水平控制线精度应符合表2-7的要求。

(3)墙面装饰分格线的投测精度要求:小于1/10 000。

8.幕墙工程施工测量放线的检测

(1)轴线的复核;

(2)立柱中心线的偏差复核;

(3)水平线(横梁)的偏差复核。

9.地面工程施工测量放线的检测

(1)地面标高线的检查;

(2)地面十字线的检查;

(3)地面铺装造型线、图形图案放样的检查。

二、填写装饰工程测量放线复核单

装饰工程测量放线复核单样表见表2-8,实例见表2-9。

表 2-8　装饰工程测量放线复核单

复核单位:

工程名称		施工单位	
建设单位		设计单位	
监理单位		图纸或引进点依据	
复核内容	标高□　轴线□　相关位置线:		

内容说明、位置图示：

复核人签字	复核意见	复核日期
项目工程师：		日期：
建设单位(监理单位)：		日期：

定线放线人(申请人)：　　　　　　　　　　　　　　　　　　　　　　日期：

表 2-9　装饰工程测量放线复核单(实例)

复核部位：			
工程名称	××总部办公楼	施工单位	××建筑装饰工程有限公司
建设单位	××投资有限公司	设计单位	××设计有限公司
监理单位	××建设工程监理有限公司	图纸或引进点依据	二层建筑平面图,BG1、BG2、ZX2 及轴线标志
复核内容	标高□　轴线□　相关位置线：		

内容说明、位置图示：

复核部位:二层平面

图纸或引进点依据:二层建筑平面图,BG1、BG2、ZX2 及轴线标志

复核内容:标高、轴线

内容说明:

一、水准线、轴线放线、复核依据:

1. 放线、复核依据二层建筑平面图,图号编号:2001-建筑-3。

2. 总承包部提供的 BG1(一层水准线 0.500 m)、BG2(二层水准线 4.100 m)。

3. 总承包部提供的 ZX2(二层轴线引测点)及二层 1、9、G 轴墙上红色标志。

二、复核

1. 经纬仪在 ZX2 复核 1 轴、G 轴水平角,测得角度为 90°,误差小于 0.01°,符合要求。

2. 钢卷尺丈量 1—9 轴,长度为 48 m,误差小于 ±2 mm,符合要求。

3. 钢卷尺丈量 BG1 与 BG2,高度为 3.600 m,误差小于 ±1 mm,符合要求。

4. 复核完毕,已对 BG1、BG2、ZX2、1、9、G 轴分别实施有效保护。

三、说明:

1. 水准线、轴线复核由装饰施工单位项目工程师与装饰监理工程师共同平行进行。

2. 复核结果报总承包部,审核无误,形成书面文件,各方签字、盖章。

3. 测量复核单原件一式三份。

四、位置图示

复核人签字	复核意见	复核日期	
项目工程师:	正确	日期:	××××年×月×日
建设单位(监理单位):	正确	日期:	××××年×月×日

定线放线人(申请人):　　　　　　　　　　　　　　　　日期:　　××××年×月×日

本单元主要有两部分内容:装饰工程中的隐蔽工程项目检查要求;隐蔽工程质量检测与报验实例。

单元目标

1. 知识目标

熟悉装饰工程中的隐蔽工程项目检查的有关要求和检查方法。

2. 专业能力目标

会对装饰工程中的隐蔽工程项目进行检查和报验,会填写隐蔽工程项目验收记录表。

3. 专业素养目标

树立高度负责的责任心、高度的质量意识和安全意识。

任务 1　装饰工程中的隐蔽工程项目检查要求

1. 抹灰工程隐蔽检查要求

（1）抹灰工程应分层进行,抹灰总厚度大于或等于 35 mm 时,应采取加强措施;

（2）不同材料基体交接处表面的抹灰,应采取防止开裂的加强措施,加强网与各基体的搭接宽度不应小于 100 mm。

2. 门窗工程隐蔽工程检查要求

（1）预埋件和锚固件的埋设数量、位置、埋设方式及与框的连接方式必须符合设计和规范、规程要求;

（2）门窗与墙体间缝隙防腐、填嵌处理,应符合设计、规范、规程的要求;

（3）固定玻璃的钉子或钢丝卡以及玻璃垫块和橡胶垫的数量、规格、位置、安装方法应符合有关标准的规定;

（4）金属门窗防雷装置的设置应符合设计和有关标准的规定。

3. 吊顶工程隐蔽检查要求

（1）安装龙骨前应对房间净高和洞口标高进行检查,结果应符合设计要求,基层缺陷应处理完善。

（2）预埋件和拉结筋的设置应符合设计及规范要求,预埋件、钢筋吊杆和型钢吊杆应进行防锈处理。

（3）龙骨及吊（杆）的安装。检查吊顶龙骨及吊件材质、规格、间距、连接方式,安装必须牢固,吊杆距主龙骨端部距离不得大于 300 mm。当吊杆长度大于 1.5 m 时,应设置反支撑。吊杆与上部设备管线或结构冲突时应更换位置或增设吊杆。

（4）木龙骨、木吊杆防火、防腐处理应符合设计和相关规范的规定。

（5）填充材料的设置。填充材料的品种、规格、铺设、固定情况等应符合设计要求,并应有防散落措施。

（6）吊顶内管道、设备安装及调试。设备及其支架安装应符合设计标高要求,管道和设备的调试应在安装饰面板前完成。所有管线应验收合格。符合设计及有关规范、规程的要求。

（7）重型灯具、电扇及其他重型设备严禁安装在吊顶工程的龙骨上。

4. 轻质隔墙工程隐蔽检查要求

（1）预埋件、连接件位置和数量以及连接方法必须符合设计要求。

（2）龙骨安装。检查龙骨材质、规格、间距、连接方式。门窗洞口部位加强龙骨安装必须符合设计要求。边框龙骨安装与基体结构连接必须位置正确,牢固平直,无松动。

（3）木龙骨防火、防腐处理应符合设计和相关规范的规定。

（4）填充材料的铺装。填充材料的品种、规格、铺设、固定情况等应符合设计要求,应干燥,填充密实均匀,接头无空隙、下坠。

（5）设备管线安装。设备及其支架安装应符合设计标高要求;管道和设备调试应在安装饰面板前完成,所有管线应验收合格,符合设计及有关规范、规程的要求。

5. 饰面板(砖)工程隐蔽检查要求

(1) 饰面板(砖)工程施工前,要先进行暗埋管线的调试、验收和封闭。

(2) 饰面板(砖)工程施工前,一定要按施工工艺要求进行基层修补与处理。饰面砖施工前应对墙面进行毛化处理或涂刷界面剂、洒水润湿墙面。

(3) 饰面板(砖)工程施工前,应检查预埋件的位置和数量。后置埋件要进行防腐处理。

(4) 饰面板(砖)工程连接件与墙体的连接、连接件与饰面板的连接、连接件之间的连接应符合设计及相关规范、规程的要求。

(5) 饰面板(砖)工程使用木基层板时,一定要进行防火防腐处理。

(6) 铺设的填充材料的品种、规格和铺设、固定情况等应符合设计要求。

6. 幕墙工程隐蔽检查要求

幕墙工程包括玻璃幕墙(含全玻璃幕墙)、金属幕墙、石材幕墙、组合幕墙等,需要进行隐蔽工程项目验收的内容有:

(1) 埋件(或后置埋件)的埋设。其数量、规格、位置和防腐处理必须符合设计要求,各种连接件、紧固件应安装牢固,螺栓应有防松脱措施。

(2) 构件的连接节点处理。幕墙的金属框架与主体结构预埋件的连接、立柱与横梁的连接及幕墙面板的安装必须符合设计及有关规范的要求,安装必须牢固。幕墙内表面与主体结构之间的连接节点、幕墙立柱下部节点应符合有关规定。幕墙金属框架与金属挂件的连接节点的防腐处理必须符合设计要求。幕墙玻璃上、下及侧边四周应镶入固定玻璃槽内,不得与槽底及槽侧壁直接接触。悬吊式玻璃幕墙与槽底的间隙,落地式玻璃幕墙的玻璃与槽底间的垫块应符合设计要求。组合幕墙不同面板材料的分界线处框架龙骨应设置双立柱、双横向杆件,分别固定牢固,并应留置不小于 10 mm 的间隙。

(3) 变形缝及墙面转角处的构造节点处理。各种变形缝、墙角的连接节点应符合设计要求和技术标准的规定。

(4) 幕墙防雷装置施工。幕墙应形成自身的防雷体系,并与主体结构的防雷体系可靠地连接,严禁串联。

(5) 幕墙防火、保温及防潮层构造处理应符合设计要求。填充应密实、均匀,厚度一致。防火层应采取隔离措施。衬板应采用经防腐处理且厚度不小于 1.5 mm 的钢板,不得采用铝板。防火层的密封材料应采用防火密封胶。防火层与玻璃的间距应大于 40 mm。

7. 涂饰工程隐蔽检查要求

(1) 涂饰工程施工前,应按要求进行基层修补与处理。

(2) 不同基层含水率应符合相应的要求。混凝土或抹灰基层含水率不得大于 8%,木材基层的含水率不得大于 12%。

(3) 新建建筑物的混凝土或抹灰层基层墙面在刮腻子前应涂刷抗碱封闭底漆。

(4) 旧墙面在裱糊前应清除疏松的旧装修层,并涂刷界面剂。

(5) 基层表面平整度、立面垂直度及阴阳角应符合规范要求。

(6) 基层刮腻子每遍不超过 2 mm 厚。腻子干后应打磨平整,符合涂饰要求。

8. 裱糊与软包工程隐蔽检查要求

（1）软包饰面工程的封闭底胶、内衬材料应符合设计及有关规范、规程的要求；

（2）软包饰面工程的木基层板、木龙骨应按设计要求进行防火处理；

（3）裱糊工程在贴面前应先按设计要求涂饰封闭底胶；

（4）其他同涂饰工程隐蔽检查要求。

9. 细部工程隐蔽检查要求

细部工程包括细木制品、木制固定家具、花饰、栏杆、栏板、扶手等，需要进行隐蔽工程项目验收的内容有：

（1）木制品的防潮、防腐、防火处理应符合设计要求。

（2）细部工程的预埋件埋设及节点的连接。橱柜、护栏和护手安装预埋件的数量、规格、位置以及护栏与预埋件的连接节点应符合设计要求。

10. 地面工程隐蔽工程验收要求

（1）各构造层（垫层、找平层、隔离层、防水层、填充层、地龙骨）材料品种、规格、铺设厚度、坡度、标高、表面情况、工艺做法、密封处理、黏结情况等必须符合设计要求及有关国家标准的规定。所用材料的质量证明文件、重要材料的复验报告应齐全。

（2）建筑地面下的沟槽、暗管的位置、标高应符合设计要求。

（3）建筑地面的变形缝（沉降缝、伸缩缝和防震缝）应按设计要求设置。建筑地面的变形缝应贯通建筑地面的各构造层。沉降缝和防震缝内应清理干净，以柔性密封材料填嵌后用板封盖，并应与面层齐平。

（4）有特殊要求的立管、套管、地漏与地面、楼板节点之间应进行密封处理，有排水要求的排水坡度应符合设计要求。

（5）铺设地板砖、石材等的地面，铺设前应进行基层处理、洒水湿润。有暗埋管线的地面应先埋好管线，调试验收合格后再进行铺设施工。

（6）木地板铺设施工时，有暗埋管线的地面应先埋好管线，调试验收合格后再进行铺设施工。使用的木龙骨、大芯板基层、胶合板基层等材料要进行防火防腐处理。龙骨与地面的固定不能损伤暗藏管线，基层板与龙骨的固定要符合设计要求，木龙骨的间距应符合施工要求。在铺设地板前应先进行防虫处理。强化地板应按施工要求铺设防潮垫层。

任务 2　隐蔽工程质量检测与报验实例

一、轻钢龙骨纸面石膏板吊顶隐蔽工程报验

施工单位先进行隐蔽工程检查验收，填写隐蔽工程检查验收记录，然后报验。

轻钢龙骨纸面石膏板吊顶隐蔽工程报验表样表参见表 3-1。

轻钢龙骨纸面石膏板吊顶隐蔽工程检查验收记录样表参见表 3-2。

表 3-1　隐蔽工程报验表

工程名称:郑州市___××___医院建设工程室内装饰工程医技楼内装　　　　　　　编号:

致:××工程建设监理公司

　我单位已完成了<u>二层吊顶暗龙骨制作安装</u>工程,请予以审查验收。

附:隐蔽工程检查验收记录

承包单位(章):

项目经理:

日　　期:

专业监理工程师审核意见:

专业监理工程师:

日　　期:

郑州市重点建设工程质量监督中心监制

表 3-2　隐蔽工程检查验收记录

工程名称:郑州市___××___医院建设工程室内装饰工程医技楼内装　　　　　　GB 50300—2013

隐蔽部位	二层吊顶暗龙骨制作安装		图号	
隐蔽日期			施工单位	(章)

| 隐蔽检查内容 | 1. 吊杆采用 M8 镀锌专用吊杆,固定间距≤1 200 mm,灯具另加吊杆安装。
2. M8 吊杆内膨胀管吊点间距 900~1 200 mm,吊杆与内膨胀管连接坚固,吊杆垂直。
3. 纸面石膏板吊顶主龙骨采用 U 形 50 系轻钢龙骨。
4. 铝条扣板吊顶采用卡式龙骨,间距≤1 200 mm。
5. U 形挂片采用卡式龙骨,间距≤1 200 mm。
6. 铝方通吊顶采用卡式龙骨,间距≤1 000 mm。
7. 吊顶内各种电线管已穿完,喷淋头、烟感器等已安装完毕,请求封板。
以上隐蔽经我方自检符合规范设计要求,请予以审查验收 |

监理单位验收结论		材料试验情况	名称	出场合格证	复试单号
			轻钢龙骨	W067	/
			吊丝	08001360	/
			38 系轻钢龙骨	2013004	/
	监理工程师:		50 系轻钢龙骨	2013004	/
	年　　月　　日　(章)				

施工单位项目技术负责人:　　　　　质量员:　　　　　施工员:

郑州市重点建设工程质量监督站监制

二、墙面石材干挂隐蔽工程报验

施工单位先进行隐蔽工程检查验收,填写隐蔽工程检查验收记录,然后报验。

墙面石材干挂隐蔽工程报验表样表见表3-3。

墙面石材干挂隐蔽工程检查验收记录样表见表3-4。

表3-3 隐蔽工程报验表

工程名称:郑州市__××__医院建设工程室内装饰工程医技楼内装   编号:

致:××工程建设监理公司

我单位已完成了医技楼一层医疗街大厅墙面石材干挂龙骨工程,请予以审查验收。

附:隐蔽工程检查验收记录

承包单位(章):

项目经理:

日　期:

专业监理工程师审核意见:

专业监理工程师:

日　期:

郑州市重点建设工程质量监督中心监制

表3-4 隐蔽工程检查验收记录

工程名称:郑州市__××__医院建设工程室内装饰工程医技楼内装   GB 50300—2013

隐蔽部位	医技楼一层医疗街大厅	图号	
隐蔽日期		施工单位	(章)

隐蔽检查内容	医技楼一层医疗街大厅墙面石材干挂龙骨隐蔽情况检查			

监理单位验收结论	监理工程师: 年　月　日(章)	材料试验情况	名称	出场合格证编号	复试单号
			5#角钢		JC20131701003
			8#槽钢		JC20131701006
			焊条	890000086547	
			镀锌埋板	20120206098	
			化学螺栓	2012C00745	

施工单位项目技术负责人: 质量员: 施工员:

郑州市重点建设工程质量监督中心监制

三、地面砖及石材面层隐蔽工程检查验收记录

地面砖及石材面层隐蔽工程检查验收记录样表见表 3-5。

表 3-5　隐蔽工程检查验收记录

工程名称：郑州市＿＿××＿＿医院建设工程室内装饰工程医技楼内装　　　　　GB 50300—2013

隐蔽部位	二层走廊及大厅		图号	
隐蔽日期			施工单位	（章）

<table>
<tr><td rowspan="2">隐蔽检查内容</td><td colspan="4">1. 面层所用的板块的品种、质量必须符合设计要求。
2. 面层与下一层的结合（黏结）应牢固，无空鼓。
3. 面砖或石材面层的表面应洁净，图案清晰，色泽一致，接缝平整，周边顺直。板块无裂纹、掉角和缺棱等缺陷。
4. 面层邻接处的镶边用料及尺寸应符合设计要求，边角整齐、光滑。
5. 踢脚线表面应洁净，高度一致，结合牢固，出墙厚度一致。
6. 楼梯踏步和台阶板块的缝隙宽度应一致、齿角整齐。楼层梯段相邻踏步高度差不应大于 10 mm。踏步的防滑条应顺直。
以上隐蔽内容经我方自检符合规范和设计要求，请予以审查验收</td></tr>
</table>

监理单位验收结论	监理工程师： 　年　月　日（章）	材料试验情况	名称	出场合格证	复试单号
					/
					/
					/
					/

施工单位项目技术负责人：　　　　质量员：　　　　施工员：

郑州市重点建设工程质量监督站监制

四、管线敷设隐蔽工程检查验收记录

管线敷设隐蔽工程检查验收记录样表见表 3-6。

表 3-6　隐蔽工程检查验收记录

工程名称：郑州市＿＿××＿＿医院建设工程室内装饰工程医技楼内装　　　　　GB 50300—2013

隐蔽部位	二层走廊吊顶		图号	
隐蔽日期			施工单位	（章）

隐蔽检查内容	1. 敷设用的管材符合合同及规范要求。 2. 管材固定可靠，接头处理符合规范要求。 3. 线缆的品种、规格、型号符合合同及规范的要求。敷设方式正确。 4. 各种检测达到验收规范要求。 以上隐蔽内容经我方自检符合规范和设计要求，请予以审查验收

续表

监理单位验收结论	监理工程师： 　年　月　日（章）	材料试验情况	名称	出场合格证	复试单号
					/
					/
					/
					/

施工单位项目技术负责人：　　　　质量员：　　　　施工员：

郑州市重点建设工程质量监督站监制

五、铝塑板墙柱面安装工程检查验收记录

铝塑板墙柱面安装工程检查验收记录样表见表3-7。

表 3-7　隐蔽工程检查验收记录

工程名称：郑州市＿＿×ד＿＿医院建设工程室内装饰工程医技楼内装　　　　　GB 50300—2013

隐蔽部位	二层大厅柱面		图号	
隐蔽日期			施工单位	（章）

| 隐蔽检查内容 | 1. 木龙骨的燃烧性能等级应符合设计要求。
2. 饰面板安装工程的预埋件（或后置埋件）、连接件的数量、规格、位置、连接方法和防腐处理必须符合设计要求。
3. 木龙骨骨架安装牢固，表面应平整、洁净、无缺损。
　以上隐蔽内容经我方自检符合规范和设计要求，请予以审查验收 | | | | |

监理单位验收结论	监理工程师： 　年　月　日（章）	材料试验情况	名称	出场合格证	复试单号
					/
					/
					/
					/

施工单位项目技术负责人：　　　　质量员：　　　　施工员：

郑州市重点建设工程质量监督站监制

六、卫生间防水隐蔽工程检查验收记录

卫生间防水隐蔽工程检查验收记录样表见表 3-8。

表 3-8　隐蔽工程检查验收记录

工程名称:郑州市___××___医院建设工程室内装饰工程医技楼内装　　　　GB 50300—2013

隐蔽部位	一层卫生间		图号	
隐蔽日期			施工单位	(章)

<table>
<tr><td rowspan="6">隐蔽检查内容</td><td colspan="4">1. 防水层材料的材质必须符合设计要求和国家产品标准的规定。
2. 在水泥类找平层上铺设防水层时,其表面应坚固、洁净、干燥。铺设前应涂刷基层处理剂。基层处理剂应采用同类涂料的底子油。
3. 铺设防水层时,在靠近墙面处高出面层高度应符合设计要求。阴阳角应增加铺涂附加防水隔离层。
4. 防水层与下一层黏结牢固,不得有空鼓。防水涂层应平整均匀,无脱皮、起壳、裂缝、鼓泡等缺陷。
5. 防水材料铺设后,必须做蓄水试验,并做记录。蓄水深度应为 20~30 mm,24 h 内无渗漏为合格。
以上隐蔽内容经我方自检符合规范和设计要求,请予以审查验收</td></tr>
</table>

监理单位验收结论	监理工程师: 　年　月　日（章）	材料试验情况	名称	出场合格证	复试单号
					/
					/
					/
					/

施工单位项目技术负责人:　　质量员:　　施工员:

郑州市重点建设工程质量监督站监制

七、门套制作与安装隐蔽工程检查验收记录

门套制作与安装隐蔽工程检查验收记录样表见表 3-9。

表 3-9　隐蔽工程检查验收记录

工程名称:郑州市___××___医院建设工程室内装饰工程医技楼内装　　　　GB 50300—2013

隐蔽部位	二层房间		图号	
隐蔽日期			施工单位	(章)

<table>
<tr><td>隐蔽检查内容</td><td>1. 门套制作与安装所使用材料的材质、规格、花纹和颜色,木材的燃烧性能等级和含水率,人造木板甲醛含量,应符合设计要求及国家现行标准的有关规定。
2. 门套的造型尺寸、固定方法应符合设计要求,安装应牢固。
3. 门套表面应平整、洁净、线条顺直、接缝严密、色泽一致,不得有裂缝、翘曲及损坏。
以上隐蔽内容经我方自检符合规范和设计要求,请予以审查验收</td></tr>
</table>

续表

监理单位验收结论	监理工程师： 　　年　　月　　日（章）	材料试验情况	名称	出场合格证	复试单号
					/
					/
					/
					/

施工单位项目技术负责人：　　　　质量员：　　　　施工员：

郑州市重点建设工程质量监督站监制

单元四 装饰分部分项工程质量检测与验收

单元概述

本单元主要包括装饰装修分部工程 10 个子分部工程及其分项工程的检测和验收方法等内容。

单元目标

1. 知识目标

熟悉装饰工程 10 个子分部工程及其分项工程的检测和验收方法、验收要点和质量标准。

2. 专业能力目标

会进行装饰工程 10 个子分部工程及其分项工程的质量检查和验收。

3. 专业素养目标

树立高度的责任心、质量意识和安全意识。

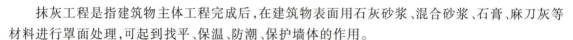

子分部 1　内墙一般抹灰
工程质量检测

抹灰工程是指建筑物主体工程完成后,在建筑物表面用石灰砂浆、混合砂浆、石膏、麻刀灰等材料进行罩面处理,可起到找平、保温、防潮、保护墙体的作用。

抹灰工程按施工部位分为外墙抹灰和内墙抹灰;按装饰效果和使用要求分为一般抹灰、装饰抹灰和特种砂浆抹灰,其中一般抹灰按质量标准又分为普通抹灰和高级抹灰。如图 4-1 所示为外墙装饰抹灰,图 4-2 为内墙抹灰。

图 4-1　外墙装饰抹灰

图 4-2　内墙抹灰

一、工艺要求

1. 内墙

一般抹灰应在建筑主体工程检查验收合格,嵌入墙体内的各种管道安装完毕,并检查验收后进行。

2. 基层处理

墙体表面的灰尘、污渍等应清理干净。如墙面有杂质,容易造成墙面空鼓、黏结不牢;如墙面过于光滑,应把墙面凿毛;如墙面不够牢固,需铺设金属网。

3. 浇水湿墙

为使砂浆与基体表面黏结牢固,抹灰前应对墙面洒水湿润。

4. 吊垂直、套方、抹灰饼、冲筋

分别在门窗、墙角等处吊垂直、套方,并在墙面上弹线、制作灰饼。

5. 抹灰

应分层进行,每层不要过厚。要等底层砂浆有一定强度后再抹中层砂浆。

6. 养护

水泥砂浆抹灰层完成 24 h 后,应开始喷水养护。

二、检验批质量检查控制要点

(1) 抹灰前基层表面的尘土、污垢、油渍等应清除干净,并应洒水润湿。要使抹灰层与基体黏结牢固,底层抹灰是关键。

(2) 一般抹灰所用材料的品种和性能应符合设计要求。水泥的凝结时间和安定性复验应合格。砂浆的配合比应符合设计要求。

(3) 抹灰工程应分层进行。当抹灰总厚度大于或等于 35 mm 时,应采取加强措施,如图 4-3 所示为抹灰层加强网。不同材料基体交接处表面的抹灰,应采取防止开裂的加强措施,当采用加强网时,加强网与各基体的搭接宽度不应小于 100 mm。内墙普通抹灰厚度不大于 18 mm,高级抹灰厚度不大于 25 mm。控制抹灰层平均总厚度的目的主要是防止抹灰层脱落。

(4) 抹灰层与基层之间及各抹灰层之间必须黏结牢固,抹灰层应无脱层、空鼓,面层应无爆灰和裂缝。

图 4-3　抹灰层加强网

(5) 普通抹灰表面应光滑、洁净、接茬平整,分格缝应清晰。高级抹灰表面应光滑、洁净、颜色均匀、无抹纹,分格缝和灰缝应清晰美观。

(6) 护角、孔洞、槽、盒周围的抹灰表面应整齐、光滑,管道后面的抹灰表面应平整。

(7) 抹灰层的总厚度应符合设计要求,水泥砂浆不得抹在石灰砂浆层上。

(8) 抹灰分格缝的设置应符合设计要求,宽度和深度应均匀,表面应光滑,棱角应整齐。

三、检验批验收内容和要点

(1) 相同材料、工艺和施工条件的室内抹灰工程每 50 个自然间(大面积房间和走廊按抹灰面积30 m² 为一间)应划分为一个检验批,不足 50 间也应划分为一个检验批。室内每个检验批应至少抽查 10%,并不得少于 3 间,不足 3 间时应全数检查。

（2）质量检测人员应及时认真检查施工记录,确保规范施工;检查产品合格证书、进场验收记录、复验报告和施工记录,保证施工材料质量符合要求;检查隐蔽工程验收记录和施工记录;通过肉眼观察、用小锤轻击检查、检查施工记录等方法,检测已完成施工任务的质量情况,确保各抹灰层之间黏结牢固,无脱层、空鼓、裂缝。如图 4-4 所示为检测墙面空鼓。

图 4-4　检测墙面空鼓

（3）内墙一般抹灰主要检测墙面的立面垂直度、表面平整度（见表 4-1）,观感质量一般项目可采用观察、手模检查、尺量检查等方法检测墙面是否裂缝、平整、方正。

表 4-1　一般抹灰的允许偏差和检验方法

序号	项目	允许偏差/mm		检验方法
		普通抹灰	高级抹灰	
1	立面垂直度	4	3	用 2 m 垂直检测尺检查
2	表面平整度	4	3	用 2 m 靠尺和塞尺检查
3	阴阳角方正	4	3	用直角检测尺检查
4	分格条（缝）直线度	4	3	拉 5 m 线,不足 5 m 拉通线,用钢直尺检查
5	墙裙、勒脚上口直线度	4	3	拉 5 m 线,不足 5 m 拉通线,用钢直尺检查

四、不合格原因

1. 黏结不牢,空鼓、裂缝

黏结不牢而产生的空鼓、裂缝是内墙抹灰最常出现的质量问题。产生这个问题有几种原因:

（1）基层处理不到位,没有把基层清理干净,有油渍或浮灰等杂质,这些杂质形成了隔离层,影响底层灰与基层的黏结,易产生空鼓。

（2）未用水湿润或湿润不够,未刮素水泥浆。由于水泥具有干缩性,在水泥砂浆强度提高过程中,会产生不均匀的收缩,形成干缩裂缝。

（3）抹灰未分层施工或抹灰层过厚也容易出现墙面裂缝、墙皮脱落。抹灰层自重过大就容易脱落,如因各种原因抹灰层无法做薄时,可对基层墙面进行拉毛处理提高黏结力或铺设铁丝网。

（4）养护不到位。

2. 面层颜色不一致,有明显抹子纹

产生的原因包括：

（1）水泥使用不规范。在同一施工项目中,水泥一定要同品种、同批号,严禁混用,否则不仅容易出现颜色不均的现象,还会因水泥性质有差别易出现墙面开裂。

（2）水灰比失调,操作手法、工具使用不当。抹灰时机掌握不好,使墙面出现接茬、抹子纹路明显。

3. 抹灰表面不平,阴阳角不垂直、不方正

产生的原因：

（1）抹灰前挂线、做灰饼不合格。

（2）阴阳角处没有严格用方尺套方。

【做一做】

全班平均分组,每组 3 人,完成 3 个教室墙面的质量检测,并做记录。

如有条件,可分组进行抹灰实训,完成后先自测自评,再交换互测互评,如图 4-5 所示。

图 4-5 内墙抹灰实训

子分部 2 门窗安装工程质量检测

门窗安装应以牢固安全及性能稳定为基本原则,依靠建筑结构内的预埋件或后置埋件进行连接固定,在砌体上安装门窗严禁用射钉固定。重型门窗一般需预埋铁件进行焊接,轻型门窗则

可采用后置埋件安装固定。

一、木门窗安装质量控制

1. 预检项目

（1）材料、半成品的质量检查

① 按设计要求查看材料的产品合格证书、进场验收记录和人造板的甲醛含量检测报告。

② 根据施工图复核门窗产品的型号、规格尺寸，门窗的开启方向，门窗数量是否正确，附件是否齐。

③ 检查门窗半成品的保护措施。

（2）门窗洞口尺寸及埋件检查

① 除检查每处单个洞口外，还应对能够通视的成排或成列的门窗洞口进行目测或拉通线检查。如果发现明显偏差，应向有关管理人员反映，采取处理措施后方可安装门窗。

② 普通木门窗采用预埋木砖法安装时，应检查埋入砌筑体或混凝土中的木砖的位置和数量，是否已进行防腐处理。

2. 过程检测项目

木门窗安装的过程检测项目见表4-2。

表4-2　木门窗安装的过程检测项目

序号	项目	检测项目	预防措施	解决方法
1	门窗框的安装	窗框与砖石砌筑体、混凝土、抹灰层接触处的防腐处理	提前对门窗框的外侧进行防腐处理	涂刷防腐涂料
		安装偏差的检查	安装时测量门窗对角线，检查边框垂直度	安装时要用木楔临时固定，吊线检查边框垂直度，通过木楔调整
		门窗框污染或受挤变形	避免门窗框污染或受挤变形	装饰木门窗安装宜采用预留洞口的方法施工
2	门窗附件安装	门窗框、扇各相邻配件装配间隙；配件是否齐全	自检、互检、专检	做样窗
3	玻璃的镶嵌	木压条应与裁口边缘平齐、紧贴，割角应整齐	自检、互检、专检	安装玻璃前后应检查
4	门窗扇的安装	门窗框的水平、垂直度、对角线的测量；门窗框安装是否牢固；风缝的大小；开启是否灵活	注意门窗的开启方向、安装位置	调整上下合页
5	门窗框与墙体周边的缝隙填嵌			用泡沫胶填缝、硅酮密封胶密封

二、铝合金门窗安装质量控制

1. 预检项目

（1）铝合金门窗复核（门窗类型、型材规格和型号、门窗尺寸、开启方式和方向、五金配件）。

（2）检查门窗产品合格证书、性能检查报告。

（3）复核建筑物洞口的尺寸及埋件埋置的位置和数量。

2. 过程检测项目

铝合金门窗安装的过程检测项目见表 4-3。

表 4-3 铝合金门窗安装的过程检测项目

序号	项目	检测项目	预防措施	解决方法
1	门窗框的安装	门窗框安装是否牢固；门、窗框的水平、垂直度、对角线测量；注意门窗的开启方向、安装孔位置	防止门窗框受挤变形和表面保护层受损	安装应采用预留洞口的方法施工，不得采用边安装边砌口或先安装后砌口的方法施工
2	组合拼樘门窗	门窗框横向及竖向组合是否采用套杆，搭接是否形成曲面组合	拼樘料的尺寸、规格、壁厚应符合设计要求	按图施工
3	附件的组装	门窗框、扇各相邻构件装配间隙及同一平面高低差的测量；门窗构件连接牢固、密封、防水	自检、互检、专检	做样窗
4	玻璃镶嵌	玻璃槽与玻璃的配合；减震垫块的安装；玻璃的损伤	自检、互检、专检	检查、调整
5	门窗框周边填充材料	填充的材料及密实度	严禁用水泥砂浆	用泡沫胶填缝，硅酮密封胶密封
6	门窗扇安装	配合严密，配件齐全，开启灵活	自检、互检、专检	检查、调整

三、塑料门窗安装质量控制

1. 预检项目

（1）按设计要求复核门窗的型号、规格尺寸和门窗异型材的规格。

（2）核验壁厚、重量、色彩等并核对合格证，PVC 型材、配件应具有抗老化和焊角强度试验的检测报告。门窗构件按要求需衬增强型钢时，监理人员或建设单位要在门窗构件加工厂进行衬钢隐蔽验收。

（3）门窗预留洞口的测量。

（4）五金配件的复核。

（5）门窗的开启形式。

2. 过程检测项目

塑料门窗安装的过程检测项目见表4-4。

表4-4　塑料门窗安装的过程检测项目

序号	项目	检测项目	预防措施及方法	解决方法
1	门窗框的安装	门窗框安装是否牢固，门窗框的水平、垂直、对角线的测量；检查门窗的开启方向	不得采用边安装边砌口或先安装后砌口的方法施工，以防止门窗框受挤变形和表面保护层受损	塑料门窗安装应采用预留洞口的方法施工
2	组合拼樘门窗	门窗框横向及竖向组合是否采用套杆，搭接是否形成曲面组合	拼樘料的尺寸、规格、壁厚应符合设计要求	按图施工
3	门窗框四周间隙填充材料	填充材料的松紧度（含沥青的材料不得填入）	门窗框是否变形	调整
4	门窗扇安装	配合严密，配件齐全，位置正确牢固，开启灵活	按图施工，清理检查	调整，及时清洗

四、门窗工程检验批质量验收

1. 检验批划分

同一品种、类型和规格的木门窗、金属门窗、塑料门窗及门窗玻璃每100樘应划分为一个检验批，不足100樘也应划分为一个检验批。

同一品种、类型和规格的特种门每50樘应划分为一个检验批，不足50樘也应划分为一个检验批。

2. 检查数量

对于木门窗、金属门窗、塑料门窗及门窗玻璃，每个检验批应至少抽查5%，并不得少于3樘，不足3樘时应全数检查；高层建筑的外窗，每个检验批应至少抽查10%，并不得少于6樘，不足6樘时应全数检查。

特种门安装每个检验批应至少抽查50%，并不得少于10樘，不足10樘时应全数检查。

3. 基本要求

（1）门窗工程验收时应检查下列文件和记录：

① 门窗工程施工图、设计说明及其他设计文件。

② 材料的产品合格证书、性能检测报告、进场验收记录和复验报告。

③ 特种门及其附件的生产许可文件。

④ 隐蔽工程验收记录。

⑤ 施工记录。

（2）门窗工程应对下列材料及其性能指标进行复验：

① 人造木板的甲醛含量。

② 建筑外墙金属窗、塑料窗的抗风压性能、抗空气渗透性能和抗雨水渗漏性能。

（3）门窗工程应对下列隐蔽工程项目进行验收：

① 预埋件和锚固件。

② 隐蔽部位的防腐、嵌填处理。

4. 验收标准

（1）木门窗安装工程的质量验收

主控项目

① 木门窗的木材品种、材质等级、规格、尺寸、框扇的线型及人造木板的甲醛含量应符合设计要求。

检验方法：观察，检查材料进场验收记录和复验报告。

② 木门窗应采用烘干的木材，含水率应符合《建筑木门、木窗》（JG/T 122）的规定。

检验方法：检查材料进场验收记录。

③ 木门窗的防火、防腐、防虫处理应符合设计要求。

检验方法：观察，检查材料进场验收记录。

④ 木门窗的品种、类型、规格、开启方向、安装位置及连接方式应符合设计要求。

检验方法：观察，尺量检查，检查成品门的产品合格证书。

⑤ 木门窗框的安装必须牢固。预埋木砖的防腐处理、木门窗框固定点的数量、位置及固定方法应符合设计要求。

检验方法：观察，手扳检查，检查隐蔽工程验收记录和施工记录。

⑥ 木门窗扇必须安装牢固，并应开关灵活，关闭严密，无倒翘。

检验方法：观察，开启和关闭检查，手扳检查。

⑦ 木门窗配件的型号、规格、数量应符合设计要求，安装应牢固，位置应正确，功能应满足使用要求。

检验方法：观察，开启和关闭检查，手扳检查。

一般项目

① 木门窗表面应洁净，不得有刨痕、锤印。

检验方法：观察。

② 木门窗的割角、拼缝应严密平整。门窗框、扇裁口应顺直，刨面应平整。

检验方法：观察。

③ 木门窗上的槽、孔应边缘整齐，无毛刺。

检验方法：观察。

④ 木门窗与墙体间缝隙的填嵌材料应符合设计要求，填嵌应饱满。寒冷地区外门窗（或门窗框）与砌体间的空隙应填充保温材料。

检验方法：轻敲门窗框检查，检查隐蔽工程验收记录和施工记录。

⑤ 木门窗批水、盖口条、压缝条、密封条的安装应顺直，与门窗结合应牢固、严密。

检验方法：观察，手扳检查。

⑥ 木门窗安装的留缝限值、允许偏差和检验方法应符合表 4-5 的规定。

表 4-5 木门窗安装的留缝限值、允许偏差和检验方法

项次	项目		留缝限值/mm		允许偏差/mm		检验方法
			普通	高级	普通	高级	
1	门窗槽口对角线长度差		—	—	3	2	用钢卷尺检查
2	门窗框的正、侧面垂直度		—	—	2	1	用 1 m 垂直检测尺检查
3	框与扇、扇与扇接缝高低差		—	—	2	1	用钢直尺和塞尺检查
4	门窗扇对口缝		1~2.5	1.5~2	—	—	用塞尺检查
5	门窗扇与上框间留缝		1~2	1~1.5	—	—	
6	门窗扇与侧框间留缝		1~2.5	1~1.5	—	—	
7	窗扇与下框间留缝		2~3	2~2.5	—	—	
8	门扇与下框间留缝		3~5	3~4	—	—	
9	双层门窗内外框间距		—	—	4	3	用钢卷尺检查
10	无下框时门扇与地面间留缝	外门	4~7	5~6	—	—	用塞尺检查
		内门	5~8	6~7	—	—	
		卫生间门	8~12	8~10	—	—	

（2）金属门窗安装工程验收

主控项目

① 金属门窗的品种、类型、规格、尺寸、性能、开启方向、安装位置、连接方式及金属门窗的型材壁厚应符合设计要求。金属门窗的防腐处理及填嵌、密封处理应符合设计要求。

检验方法：观察，尺量检查，检查产品合格证书、性能检测报告、进场验收记录和复验报告，检查隐蔽工程验收记录。

② 金属门窗框和副框的安装必须牢固。预埋件的数量、位置、埋设方式、与框的连接方式必须符合设计要求。

检验方法：手扳检查，检查隐蔽工程验收记录。

③ 金属门窗扇必须安装牢固，并应开关灵活，关闭严密，无倒翘。推拉门窗扇必须有防脱落措施。

检验方法：观察，开启和关闭检查，手扳检查。

④ 金属门窗配件的型号、规格、数量应符合设计要求，安装应牢固，位置应正确，功能应满足使用要求。

检验方法：观察，开启和关闭检查，手扳检查。

一般项目

① 金属门窗表面应洁净、平整、光滑、色泽一致，无锈蚀。大面应无划痕、碰伤。漆膜或保护层应连续。

检验方法：观察。

② 铝合金门窗推拉门窗扇开关力应不大于 100 N。

检验方法：用弹簧秤检查。

③ 金属门窗框与墙体之间的缝隙应填嵌饱满,并采用密封胶密封。密封胶表面应光滑、顺直,无裂纹。

检验方法:观察,轻敲门窗框检查,检查隐蔽工程验收记录。

④ 金属门窗扇的橡胶密封条或毛毡密封条应安装完好,不得脱槽。

检验方法:观察,开启和关闭检查。

⑤ 有排水孔的金属门窗,排水孔应畅通,位置和数量应符合设计要求。

检验方法:观察。

⑥ 铝合金门窗安装的允许偏差和检验方法应符合表 4-6 的规定。

表 4-6　铝合金门窗安装的允许偏差和检验方法

项次	项 目		允许偏差/mm	检验方法
1	门窗槽口宽度、高度	≤1 500 mm	1.5	用钢卷尺检查
		>1 500 mm	2	
2	门窗槽口对角线长度差	≤2 000 mm	3	用钢卷尺检查
		>2 000 mm	4	
3	门窗框的正、侧面垂直度		2.5	用垂直检测尺检查
4	门窗横框的水平度		2	用 1 m 水平尺和塞尺检查
5	门窗横框标高		5	用钢卷尺检查
6	门窗竖向偏离中心		5	用钢卷尺检查
7	双层门窗内外框间距		4	用钢卷尺检查
8	推拉门窗扇与框搭接量		1.5	用钢卷尺检查

（3）塑料门窗安装工程验收

主控项目

① 塑料门窗的品种、类型、规格、尺寸、开启方向、安装位置、连接方式及填嵌密封处理应符合设计要求,内衬增强型钢的壁厚及设置应符合国家现行产品标准质量要求。

检验方法:观察,尺量检查,检查产品合格证书、性能检测报告、进场验收记录和复验报告,检查隐蔽工程验收记录。

② 塑料门窗框、副框和扇的安装必须牢固。固定片或膨胀螺栓的数量与位置应正确,连接方式应符合设计要求。固定点应距窗角、中横框、中竖框 150~200 mm,固定点间距应不大于 600 mm。

检验方法:观察,手扳检查,检查隐蔽工程验收记录。

③ 塑料门窗拼樘料内衬增强型钢的规格、壁厚必须符合设计要求,型钢应与型材内腔紧密吻合,其两端必须与洞口固定牢固。窗框必须与拼樘料连接紧密,固定点间距应不大于 600 mm。

检验方法:观察,手扳检查,尺量检查,检查进场验收记录。

④ 塑料门窗扇应开关灵活,关闭严密,无倒翘。推拉门窗扇必须有防脱落措施。

检验方法:观察,开启和关闭检查,手扳检查。

⑤ 塑料门窗配件的型号、规格、数量应符合设计要求,安装牢固,位置应正确,功能应满足使

用要求。

检验方法：观察，手扳检查，尺量检查。

⑥ 塑料门窗框与墙体间缝隙应采用闭孔弹性材料填嵌饱满，表面应采用密封胶密封。密封胶应黏结牢固，表面应光滑、顺直，无裂纹。

检验方法：观察，检查隐蔽工程验收记录。

一般项目

① 塑料门窗表面应洁净、平整、光滑，大面应无划痕、碰伤。

检验方法：观察。

② 塑料门窗扇的密封条不得脱槽。旋转窗间隙应基本均匀。

检验方法：观察，开启和关闭检查。

③ 塑料门窗扇的开关力应符合下列规定。

a. 平开门窗扇平铰链的开关力应不大于 80 kN；滑撑铰链的开关力应不大于 80 kN，并不小于 30 kN。

b. 推拉门窗扇的开关力应不大于 100 N。

检验方法：观察，用弹簧秤检查。

④ 玻璃密封条与玻璃及玻璃槽口的接缝应平整，不得卷边、脱槽。

检验方法：观察。

⑤ 排水孔应畅通，位置和数量应符合设计要求。

检验方法：观察。

⑥ 塑料门窗安装的允许偏差和检验方法应符合表 4-7 的规定。

表 4-7　塑料门窗安装的允许偏差和检验方法

项次	项目		允许偏差/mm	检验方法
1	门窗槽口宽度、高度	≤1 500 mm	2	用钢卷尺检查
		>1 500 mm	3	
2	门窗槽口对角线长度差	≤2 000 mm	3	用钢卷尺检查
		>2 000 mm	5	
3	门窗框的正、侧面垂直度		3	用 1 m 垂直检测尺检查
4	门窗横框的水平度		3	用 1 m 水平尺和塞尺检查
5	门窗横框标高		5	用钢卷尺检查
6	门窗竖向偏离中心		5	用钢卷尺检查
7	双层门窗内外框间距		4	用钢卷尺检查
8	同樘平开门窗相邻扇高度差		2	用钢卷尺检查
9	平开门窗铰链部位配合间隙		+2，-1	用塞尺检查
10	推拉门窗扇与框搭接量		+1.5，-2.5	用钢卷尺检查
11	推拉门窗扇与竖框平行度		2	用 1 m 水平尺和塞尺检查

（4）特种门安装工程验收

适用范围

本部分内容适用于防火门、防盗门、自动门、全玻门、旋转门、金属卷帘门等特种门安装工程的质量验收。特种门安装除应符合设计要求外,还应符合国家标准及有关专业标准和主管部门的规定。

主控项目

① 特种门的质量和各项性能应符合设计要求。

检验方法:检查生产许可证、产品合格证书和性能检测报告。

② 特种门的品种、类型、规格、尺寸、开启方向、安装位置及防腐处理应符合设计要求。

检验方法:观察,尺寸检查,检查进场验收记录和隐蔽工程验收记录。

③ 带有机械装置、自动装置或智能化装置的特种门,其机械装置、自动装置或智能化装置的功能应符合设计要求和有关标准的规定。

检验方法:启动机械装置、自动装置或智能化装置,观察。

④ 特种门的安装必须牢固。预埋件的数量、位置、埋设方式、与框的连接方式必须符合设计要求。

检验方法:观察,手扳检查,检查隐蔽工程验收记录。

⑤ 特种门的配件应齐全,位置应正确,安装应牢固,功能应满足使用要求和特种门的各项性能要求。

检验方法:观察,手扳检查,检查产品合格证书、性能检测报告和进场验收记录。

一般项目

① 特种门的表面装饰应符合设计要求。

检验方法:观察。

② 特种门的表面应洁净,无划痕、碰伤。

检验方法:观察。

（5）门窗玻璃安装工程验收

适用范围

本部分内容适用于平板、吸热、反射、中空、夹层、夹丝、磨砂、钢化、压花玻璃等玻璃安装工程的质量验收。

主控项目

① 玻璃的品种、规格、尺寸、色彩、图案和涂膜朝向应符合设计要求。单块玻璃大于 $1.5\ \mathrm{m}^2$ 时应使用安全玻璃。

检验方法:观察,检查产品合格证书、性能检测报告和进场验收记录。

② 门窗玻璃裁割尺寸应正确。安装后的玻璃应牢固,不得有裂纹、损伤和松动。

检验方法:观察,轻敲检查。

③ 玻璃的安装方法应符合设计要求。固定玻璃的钉子或钢丝卡的数量、规格应保证玻璃安装牢固。

检验方法:观察,检查施工记录。

④ 镶钉木压条接触玻璃处应与裁口边缘平齐。木压条应互相紧密连接,并与裁口边缘紧

贴,割角应整齐。

检验方法:观察。

⑤ 密封条与玻璃、玻璃槽口的接触应紧密、平整。密封胶与玻璃、玻璃槽口的边缘应黏结牢固、接缝平齐。

检验方法:观察。

⑥ 带密封条的玻璃压条,其密封条必须与玻璃全部贴紧,压条与型材之间应无明显缝隙,压条接缝应不大于 0.5 mm。

检验方法:观察,尺量检查。

一般项目

① 玻璃表面应洁净,不得有腻子、密封胶、涂料等污渍。中空玻璃内外表面均应洁净,玻璃中空层内不得有灰尘和水蒸气。

检验方法:观察。

② 门窗玻璃不应直接接触型材。单面镀膜玻璃的镀膜层及磨砂玻璃的磨砂面应朝向室内。中空玻璃的单面镀膜玻璃应在最外层,镀膜层应朝向室内。

检验方法:观察。

③ 腻子应填抹饱满,黏结牢固。腻子边缘与裁口应平齐。固定玻璃的卡子不应在腻子表面显露。

检验方法:观察。

子分部 3　吊顶工程
质量检测

【思考】

什么是吊顶?为什么要做吊顶?

一、工艺流程

基层检查 → 放线 → 安装吊杆 → 安装龙骨 → 安装罩面板

二、质量检查控制要点

(1)饰面材料的材质、品种、规格、图案和颜色应符合设计要求。

(2)龙骨主件、配件等应无弯曲、变形、劈裂,棱角清晰,表面均应镀锌防锈,不允许有起皮、起瘤、脱落等缺陷。

(3)罩面板表面应平整、洁净,无污染、麻点、锤印,颜色一致。压条应平直、宽窄一致。人造板的甲醛含量应符合国家有关规范的规定。

(4)吊顶工程的吊杆、龙骨和饰面材料的安装必须牢固。吊杆、龙骨的材质、规格、安装间距及连接方式应符合设计要求。吊顶面积大时应起拱。

（5）金属吊杆、龙骨应经过表面防腐处理；木吊杆、龙骨应进行防腐、防火处理。吊顶内填充吸声材料的品种和铺设厚度应符合设计要求，并应有防散落措施。

（6）石膏板的接缝处应进行板缝防裂处理。安装双层石膏板时，面层板与基层板的接缝应错开，并不得在同一根龙骨上接缝。

（7）饰面板上的灯具、烟感器、喷淋头、风口箅子等设备的位置应合理、美观，与饰面板的交接应吻合、严密。灯具、电扇等严禁直接固定到吊顶龙骨上。

三、检验批验收要点

（1）同一品种的吊顶工程每 50 间（大面积房间和走廊按吊顶面积 30 m² 为一间）应划分为一个检验批，不足 50 间也应划分为一个检验批。每个检验批应至少抽查 10%，并不得少于 3 间；不足 3 间时应全数检查。

（2）观察并检查产品合格证书、性能检测报告、进场验收记录和复验报告，检测饰面材料的材质、品种、规格、图案和颜色是否符合设计要求。

（3）用观察、手扳的方法检验吊顶工程的吊杆、龙骨和饰面材料的安装是否牢固。

（4）观察饰面材料表面，压条应平直、宽窄一致。饰面板上的各种设备的位置应合理、美观，与饰面板的交接应吻合、严密。检查隐蔽工程验收记录和施工记录，确保吊顶内填充材料的品种和铺设厚度应符合设计要求。

（5）吊顶的安装允许偏差见表 4-8、表 4-9。

表 4-8　暗龙骨吊顶工程安装的允许偏差

序号	项目	允许偏差/mm				检验方法
		纸面石膏板	金属板	矿棉板	木板、塑料板、格栅	
1	表面平整度	3	2	2	3	用 2 m 靠尺和塞尺检查
2	接缝直线度	3	1.5	3	3	拉 5 m 线，不足 5 m 拉通线，用钢直尺检查
3	接缝高低差	1	1	1.5	1	用钢直尺和塞尺检查

表 4-9　明龙骨吊顶工程安装的允许偏差

序号	项目	允许偏差/mm				检验方法
		纸面石膏板	金属板	矿棉板	塑料板、玻璃板	
1	表面平整度	3	2	3	3	用 2 m 靠尺和塞尺检查
2	接缝直线度	3	2	3	3	拉 5 m 线，不足 5 m 拉通线，用钢直尺检查
3	接缝高低差	1	1	2	1	用钢直尺和塞尺检查

四、不合格原因

1. 表面不平整

（1）龙骨未调平、罩面板本身的质量问题、环境影响造成的变形都可能造成吊顶表面不平整。在施工时应选择平整、洁净、无污染、符合设计要求的面板，严格按照施工规范施工。

（2）吊顶中间没有起拱，一段时间后吊顶容易下塌。

2. 开裂

（1）板与板间过紧或过松。

（2）未做防开裂处理或做得不到位。

3. 接缝处有高低差

（1）龙骨不平。

（2）面板不平。

（3）面板与龙骨连接处有异物或固定方法不符合要求。

子分部 4　轻质隔墙工程
质量检测

【思考】

什么是轻质隔墙？它与隔墙有什么区别？轻质隔墙有哪些类型？

轻质隔墙工程所用材料的种类有很多，根据所用材料，轻质隔墙分为板材隔墙、骨架隔墙、玻璃隔墙和砌块隔墙等。材料特性不同，所用环境和施工方式也有所不同，检测项目和标准也不尽相同。

一、工艺流程

1. 骨架隔墙

骨架隔墙最常见的是轻钢龙骨纸面石膏板隔墙，如图 4-6 所示。龙骨骨架中根据设计要求填充保温吸音材料和布置设备管线等，如图 4-7 所示。

图 4-6　轻钢龙骨纸面石膏板隔墙

图 4-7　隔墙内填充材料

骨架隔墙的施工工艺流程：

2. 板材隔墙

板材隔墙的材料如图 4-8 所示。板材隔墙的做法如图 4-9 所示。

图 4-8　板材隔墙的材料

图 4-9　板材隔墙

板材隔墙的施工工艺流程：

3. 玻璃隔墙

玻璃隔墙的做法如图 4-10 所示。

图 4-10　玻璃隔墙

玻璃墙施工工艺流程：

二、质量检查控制要点

1. 骨架隔墙

（1）龙骨主件、配件等应无弯曲、变形、劈裂，棱角清晰，表面均应镀锌防锈，不允许有起皮、起瘤、脱落等缺陷，要保证使用三年内无严重锈蚀。隔墙龙骨如图4-11所示。罩面板表面应平整、洁净，无污染、麻点、锤印，颜色一致。人造板的甲醛含量应符合国家有关规范的规定，进场后应做复验，必须有相关的检测报告。

图4-11　隔墙龙骨

（2）石膏板隔墙在门窗洞口处要做加强处理。

（3）石膏板要错缝安装，如安装双层石膏板，内外两层板也要错缝安装。板和四周结构层之间的缝隙要用密封胶密封。

（4）易开裂处做防开裂处理。

2. 板材隔墙

（1）隔墙板材的品种、规格、性能、颜色应符合设计要求。安装隔墙板材所需预埋件、连接件的位置、数量及连接方法应符合设计要求。隔墙板材安装必须牢固。隔墙板材所用接缝材料的品种及接缝方法应符合设计要求。

（2）隔墙板材安装应垂直、平整、位置正确，板材不应有裂缝或缺损。板材隔墙表面应平整光滑、色泽一致、洁净，接缝应均匀、顺直。隔墙上的孔洞、槽、盒应位置正确、套割方正、边缘整齐。

3. 玻璃隔墙

（1）玻璃砖或玻璃板的品种、规格、性能、颜色应符合设计要求。安装所需预埋件、连接件的位置、数量及连接方法应符合设计要求。玻璃隔墙所用接缝材料的品种及接缝方法应符合设计要求。

（2）隔墙安装应垂直、位置正确，接缝应均匀、顺直，无裂痕、缺损和划痕。

三、检验批验收要点

1. 检验批划分

同一品种的轻质隔墙工程每 50 间(大面积房间和走廊按轻质隔墙的墙面 30 m² 为一间)应划分为一个检验批,不足 50 间也应划分为一个检验批。

2. 骨架隔墙

(1)骨架隔墙工程的检查数量每个检验批应至少抽查 10%,并不得少于 3 间,不足 3 间时应全数检查。

(2)观察,检查产品合格证书、进场验收记录、性能检测报告和复验报告,检测各种材料的品种、规格、性能。

(3)尺量检查,检查隐蔽工程验收记录,确保骨架隔墙边框龙骨与基体结构连接牢固,并应平整、垂直、位置正确。

(4)轻敲隔墙面板,检查隐蔽工程验收记录,检测门窗洞口等部位是否加固,骨架隔墙内的填充材料是否干燥、填充密实、均匀、无下坠。

(5)观察和手摸,检查骨架隔墙的墙面板是否安装牢固,无脱层、翘曲、折裂及缺损。隔墙表面是否平整光滑、色泽一致、洁净、无裂缝,接缝均匀、顺直。墙面板所用接缝材料的接缝方法是否符合设计要求。骨架隔墙上的孔洞、槽、盒是否位置正确、套割吻合、边缘整齐。

(6)骨架隔墙安装的允许偏差和检验方法见表 4-10。

表 4-10　骨架隔墙安装的允许偏差和检验方法

序号	项目	允许偏差/mm		检验方法
		纸面石膏板	人造木板、水泥纤维板	
1	立面垂直度	3	4	用 2 m 垂直检测尺检查
2	表面平整度	3	3	用 2 m 靠尺和塞尺检查
3	阴阳角方正	3	3	用直角检测尺检查
4	接缝直线度	—	3	拉 5 m 线,不足 5 m 拉通线,用钢直尺检查
5	压条直线度	—	3	拉 5 m 线,不足 5 m 拉通线,用钢直尺检查
6	接缝高低差	1	1	用钢直尺和塞尺检查

3. 板材隔墙

(1)每个检验批应至少抽查 10%,并不得少于 3 间,不足 3 间时应全数检查。

(2)通过观察,检查产品合格证书、进场验收记录、性能检测报告和复验报告,检测隔墙板材的品种、规格、性能、颜色是否符合设计要求。

(3)观察,尺量检查,检查隐蔽工程验收记录,检测安装隔墙板材所需预埋件、连接件的位置、数量及连接方法是否符合设计要求。隔墙板材安装应垂直、平整、位置正确,表面应平整光滑、色泽一致、洁净,接缝应均匀、顺直,隔墙上的孔洞、槽、盒应位置正确、套割方正、边缘整齐。

4. 玻璃隔墙

（1）每个检验批应至少抽查 20%，并不得少于 6 间，不足 6 间时应全数检查。

（2）观察，检查产品合格证书、进场验收记录、性能检测报告和复验报告，检测工程所用材料的品种、规格、性能、图案和颜色是否符合设计要求，玻璃板隔墙应使用安全玻璃。

（3）检察玻璃砖隔墙的砌筑或玻璃板隔墙的安装方法是否符合设计要求。玻璃隔墙表面应色泽一致、平整洁净、清晰美观。玻璃隔墙接缝应横平竖直，玻璃应无裂痕、缺损和划痕。玻璃板隔墙嵌缝及玻璃砖隔墙勾缝应密实平整、均匀顺直、深浅一致。

（4）玻璃隔墙安装的允许偏差和检验方法见表 4-11。

表 4-11　玻璃隔墙安装的允许偏差和检验方法

序号	项目	允许偏差/mm		检验方法
		玻璃砖	玻璃板	
1	立面垂直度	3	2	用 2 m 垂直检测尺检查
2	表面平整度	3	—	用 2 m 靠尺和塞尺检查
3	阴阳角方正	—	2	用直角检测尺检查
4	接缝直线度	—	2	拉 5 m 线，不足 5 m 拉通线，用钢直尺检查
5	接缝高低差	3	2	用钢直尺和塞尺检查
6	接缝宽度	—	1	用钢直尺检查

子分部 5　墙柱面饰面板（砖）工程质量检测

墙柱面饰面板（砖）工程包括墙柱面饰面板工程和墙柱面饰面砖工程。

墙柱面饰面板工程可采用天然石材、人造石材、瓷板、金属饰面板、木材、玻璃等多种材料。施工方法也有多种，如干挂、粘贴、绑扎、钉结等。如图 4-12 所示为铝塑板柱面（室外）。

墙柱面饰面砖工程主要材料为内墙砖和外墙砖，施工方法多为粘贴法。如图 4-13 所示为内墙砖墙面。

分项 1　墙柱面饰面板工程

一、预检项目

（1）饰面板的品种、规格、颜色和性能应符合设计要求。

（2）木龙骨、木基层板、木饰面板、塑料饰面板的燃性能等级应符合设计要求。

（3）饰面板安装所需的预埋件、后置埋件、连接件的数量、规格、位置、连接方法和防腐处理必须符合设计要求。

（4）采用湿作业法施工的石材饰面板工程，石材饰面板应做防碱背涂处理。

（5）粘贴法安装饰面板所使用的胶黏剂应符合设计要求，并应进行黏结强度检测。

图 4-12   铝塑板柱面(室外)   图 4-13   内墙砖墙面

二、过程检测项目

（1）骨架的安装间距、固定方法、平整度符合设计要求。

（2）石材饰面板孔、槽的位置、数量、尺寸应符合设计要求。

（3）饰面板的安装固定方法应符合设计要求。

（4）采用水泥砂浆挂贴法安装的石材饰面板,灌浆应饱满、密实。

（5）饰面板的安装必须牢固,表面应平整、洁净、色泽一致。

（6）饰面板间的留缝间隙和缝隙处理应符合设计要求。

三、检验批验收要点

（1）相同材料、工艺和施工条件的室内饰面板工程每 50 间（大面积房间和走廊按施工面积 30 m² 为一间）应划分为一个检验批,不足 50 间也应划分为一个检验批。每个检验批应至少抽查 10%,并不得少于 3 间,不足 3 间时应全数检查。

（2）质量检测人员应检查饰面板工程施工图、设计说明,材料的产品合格证书、性能检测报告、进场验收记录和复验报告,后置埋件的现场拉拔检测报告,施工记录等文件。

（3）观察,检查产品合格证书、进场验收记录和性能检测报告,检查饰面板的品种、规格、颜色和性能是否符合设计要求。

（4）检查进场验收记录和施工记录,保证饰面板孔、槽的数量、位置和尺寸符合设计要求。

（5）手扳检查,检查进场验收记录、现场拉拔检测报告、隐蔽工程验收记录和施工记录,检查饰面板安装工程的预埋件（或后置埋件）、连接件的数量、规格、位置、连接方法和防腐处理是否符合设计要求,饰面板安装是否牢固。

(6)观察,检查饰面板表面是否平整、洁净、色泽一致,无裂痕和缺损。石材表面应无泛碱等污染。饰面板上的孔洞应套割吻合,边缘应整齐。

(7)观察,尺量检查,饰面板嵌缝应密实、平直,宽度和深度应符合设计要求,嵌填材料色泽应一致。

(8)采用湿作业法施工的饰面板工程,饰面板与基体之间的灌注材料应饱满、密实。用小锤轻击检查,并检查施工记录。

(9)饰面板安装的允许偏差和检验方法见表4-12。

表4-12　饰面板安装的允许偏差和检验方法

项次	检验项目	允许偏差/mm							检验方法
		瓷板	木材	塑料	金属	石材			
						光面石材	剁斧石	蘑菇石	
1	立面垂直度	2	1.5	2	2	2	3	3	用2m垂直检测尺检查
2	表面平整度	1.5	1	3	3	2	3	—	用2m靠尺和塞尺检查
3	阴阳角方正	2	1.5	3	3	2	4	4	用直角检测尺检查
4	接缝直线度	2	1	1	1	2	4	4	拉5m线,不足5m拉通线,用钢直尺检查
5	墙裙、勒脚上口直线度	2	2	2	2	2	3	3	拉5m线,不足5m拉通线,用钢直尺检查
6	接缝高低差	0.5	0.5	1	1	0.5	3	—	用钢直尺和塞尺检查
7	接缝宽度	1	1	1	1	1	2	2	用钢直尺检查

分项2　墙柱面饰面砖工程

一、预检项目

(1)检查内墙砖、外墙砖和水泥的产品合格证书、质量检测报告。

(2)内墙砖、外墙砖的品种、花色、规格应符合设计要求。

(3)水泥的品种、强度等级应符合设计要求。

(4)复检项目:对水泥的凝结时间、体积安定性进行复检(抽样送检);对内墙砖的吸水率、抗釉裂性等项目应进行复检;对外墙砖的吸水率、抗冻性等项目应进行复检。

(5)墙柱面抹灰应施工完毕,墙柱面暗装管线、开关盒、窗框安装应完毕,并检验合格。

(6)墙柱面必须坚实、清洁(无油污、浮浆、残灰等),影响面砖铺贴的凸出墙柱面部位应凿平,过于凹陷的墙柱面应用1:3水泥砂浆分层抹压找平(先浇水湿润后再抹灰)。

(7)安装好的窗台板、门窗框与墙柱之间的缝隙应用1:3水泥砂浆堵灌密实。铝门窗框边缝隙的嵌塞材料应由设计确定,铺贴面砖前应先粘贴好保护膜。

(8)大面积施工前,应先做样板墙和样板间,经质量及有关部门检查应符合要求。

(9)对光滑表面基层应涂刷界面剂,或进行打毛处理(并用钢丝刷满刷一遍,再浇水湿润)。

二、过程检验项目

1. 内墙砖

（1）预排：应按照设计要求，一个房间、一整幅墙柱面贴同一类规格面砖；同一墙面，中间部位不允许用非整砖（腰线砖除外），非整砖应排在地面上第一排或不显眼的阴角部位。

（2）检查分界线、垂直与水平控制线。

（3）应预先将釉面砖泡水（2~3 小时）取出晾干备用。

（4）当基层厚度偏差较大时，应事先进行找平。找平应分遍进行，若一次抹得太厚，砂浆易于开裂空鼓。

（5）在每一分段或分块内的面砖，均应自下而上铺贴。铺贴应从最低一皮整砖开始（通常应从地面第二排贴起，留出第一排砖要进行墙面与地面的细部交接处理，并可进行后续的地面防水施工），并按基准点挂线，由下而上铺贴。面砖背面应满涂水泥浆，贴上墙面后用铁抹子的木把手着力敲击，使面砖贴牢，同时用靠尺检查砖面及上皮平整度。

（6）墙面的开关、插座、出墙水管接头等部位要用整砖套割，严禁用非整砖对拼。

（7）铺贴完毕，待水泥初凝后，将砖缝清理干净，用勾缝剂将缝隙填平，清洁墙砖表面。关闭门窗，严禁因过度通风引起空鼓。

2. 外墙砖

（1）根据设计要求进行弹线分格、排砖，一般要求横缝与门楣或窗台水平，阳角窗口都用整砖，并在底子灰上弹上垂直线。

（2）外墙面砖粘贴排缝种类很多，原则上要按设计要求进行。

① 矩形面砖粘贴墙面砖分为边长水平粘贴和边长垂直粘贴两种。

② 同一墙面齐缝排列又可采取密缝粘贴（缝隙一般为 2~3 mm）、离缝分格（缝隙一般为 6~10 mm），以取得立面装饰效果。

③ 凡阳角部位都应为整砖，且阳角处的砖一般应将拼缝留在侧边，也有采取整砖磨边对角粘贴法。

④ 突出墙面的如窗台、腰线阳角及滴水线排砖方法，需注意正面面砖要往下突出 3 mm 左右，底面面砖要留有流水坡度。

⑤ 做标志块，找出墙面、柱面、门窗套等标准，阳角处要双面排直，标志块间距 1.6 m。

⑥ 粘贴时，在面砖背后满铺黏结砂浆。粘贴后，用小铲把手轻轻敲击，使之与基层粘贴牢固，并用靠尺随时找平找方。

⑦ 在与抹灰交接的门窗窗角墙、柱子等处应提前抹好底子灰，等强度符合施工要求后再粘贴面砖。

⑧ 分格条在粘贴前应用水充分浸泡，以防胀缩变形。

⑨ 在粘贴过程中，力争一次成功，不宜多动，尤其在收水之后。

⑩ 整个工程完工后，应加强养护，同时可用稀盐酸刷洗表面，并随时用水冲洗干净。

三、检验批验收要点

1. 检验批的划分

（1）相同材料、工艺和施工条件的室内工程每 50 间（大面积房间和廊按施工面积 30 m² 为一间)应划分为一个检验批,不足 50 间也应划分为一个检验批。

（2）同材料、工艺和施工条件的室外工程每 500~1 000 m² 应划分为一个检验批,不足 500 m² 也应划分为一个检验批。

（3）检查数量应符合下列规定:

① 室内每个检验批应至少抽查 10%,并不得少于 3 间,不足 3 间时应全数检查。

② 室外每个检验批每 100 m² 应至少抽查一处,每处不得小于 10 m²。

2. 主控项目

（1）饰面砖的品种、规格、颜色和性能应符合设计要求。

检验方法:观察,检查产品的合格证书、进场验收记录和性能检验报告。

（2）饰面砖粘贴工程的找平、防水、黏结和勾缝材料及施工方法应符合设计要求、国家现行产品标准和工程技术标准的规定。

检验方法:检查产品合格证书、复验报告和隐蔽工程验收记录。

（3）饰面砖粘贴必须牢固。

检验方法:检查样板件黏结强度检测报告和施工记录。

（4）满粘法施工的饰面砖工程应无空鼓、裂缝。

检验方法:观察,用小锤轻击检查。

3. 一般项目

（1）饰面砖表面应平整、洁净、色泽一致,无裂痕和缺损。

检验方法:观察。

（2）阴阳角处搭接方式、非整砖使用部位应符合设计要求。

检验方法:观察。

（3）墙面突出物周围的饰面砖应整砖套割吻合,边缘应整齐。贴脸突出墙面的厚度应一致。

检验方法:观察,尺量检查。

（4）饰面砖接缝应平直、光滑,填嵌应连续、密实,宽度和深度应符合设计要求。

检验方法:观察,尺量检查。

（5）有排水要求的部位应做滴水线(槽)。滴水线(槽)应顺直,坡度应符合设计要求。

检验方法:观察,用水平尺检查。

（6）饰面砖粘贴的允许偏差和检验方法应符合表 4-13 的规定。

表 4-13　饰面砖粘贴的允许偏差和检验方法

检验项目	允许偏差/mm		检验方法
	外墙面砖	内墙面砖	
立面垂直度	3	2	用 2 m 垂直检测尺检查
表面平整度	4	3	用 2 m 靠尺和塞尺检查
阴阳角方正	3	3	用直角检测尺检查
接缝直线度	3	2	拉 5 m 线,不足 5 m 拉通线,用钢直尺检查
接缝高低差	1	0.5	用钢直尺和塞尺检查
接缝宽度	1	1	用钢直尺检查

子分部 6　幕墙工程质量检测

分项 1　玻璃幕墙工程

一、预检项目

（1）幕墙工程所用各种材料、五金配件、构件及组件的产品合格证书、性能检测报告、进场验收记录和复验报告。

（2）幕墙工程所用硅酮结构胶的认定证书和抽查合格证明，进口硅酮结构胶的商检证，国家指定检测机构出具的硅酮结构胶相容性和剥离黏结性试验报告。

（3）幕墙工程所用的型材、玻璃的品种、规格、数量、颜色。

（4）玻璃幕墙与主体结构连接的各种预埋件的位置、数量。

（5）测量放线的检查。

二、过程检测项目

1. 隐蔽工程检测

预埋件、后置埋件、金属构件的防锈处理，骨架的安装的牢固性和精确度，构件的连接节点，变形缝及墙面转角处的构造节点，幕墙防雷装置，幕墙防火构造，保温材料的填充，幕墙玻璃的边缘处理及与边框的软连接方式等。

2. 现场测试试验

后置埋件的现场拉拔强度试验，玻璃幕墙用结构胶的邵氏硬度、标准条件拉伸黏结强度、相容性试验，双组分硅酮结构胶的混匀性试验及拉断试验，8.0 mm 以下的钢化玻璃应进行引爆试验，易渗漏部位进行淋水试验。

三、检验批验收要点

（1）相同设计、材料、工艺和施工条件的幕墙工程每 500~1 000 m^2 应划分为一个检验批，不足 500 m^2 也应划分为一个检验批。每个检验批每 100 m^2 应至少抽查一处，每处不得小于 10 m^2。

（2）同一单位工程的不连续的幕墙工程应单独划分检验批。

（3）检验批的验收应按照《建筑装饰装修工程质量验收规范》（GB 50210）中第 9 章的规定执行。

分项 2　金属幕墙工程

一、预检项目

（1）幕墙工程所用各种材料、五金配件、构件及组件的产品合格证书、性能检测报告、进场验收记录和复验报告。

（2）幕墙工程所用的型材品种、颜色、规格、数量。

（3）幕墙与主体结构连接的各种预埋件的位置、数量。

（4）铝塑复合板的剥离强度复验。

（5）测量放线的检查。

二、过程检测项目

1. 隐蔽工程检测

预埋件、后置埋件、金属构件的防锈处理，骨架的安装的牢固性和精确度，金属板与骨架的连接方法，变形缝及墙面转角处的构造节点，幕墙防雷装置、防火构造、防潮构造、保温材料的填充，板材接缝的填充密封等。

2. 现场测试试验

后置埋件的现场拉拔强度试验，易渗漏部位进行淋水试验。

三、检验批验收要点

同分项 1 玻璃幕墙工程。

分项 3　石材幕墙工程

一、预检项目

（1）幕墙工程所用各种材料、五金配件、构件及组件的产品合格证书、性能检测报告、进场验收记录和复验报告。

（2）幕墙工程所用型材的品种、规格、数量。

（3）石材的品种、规格、数量、花色、外观质量、尺寸偏差，天然石材的试拼试排效果。

（4）石材的弯曲度、寒冷地区石材的耐冻融性、花岗石的放射性复验。

（5）石材用结构胶的黏结强度复验，石材用密封胶的污染性复验。

（6）幕墙与主体结构连接的各种预埋件的位置、数量。

（7）测量放线的检查。

二、过程检测项目

1. 隐蔽工程检测

预埋件、后置埋件、金属构件的防锈处理，骨架的安装的牢固性和精确度，石材与骨架的连接方法，变形缝及墙面转角处的构造节点，幕墙防雷装置、防火构造、防潮构造、保温材料的填充，板材接缝的填充密封等。

2. 现场测试试验

后置埋件的现场拉拔强度试验，易渗漏部位的淋水试验。

三、检验批验收要点

同分项 1 玻璃幕墙工程。

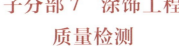

子分部 7　涂饰工程
质量检测

一、工艺要求

1. 基层处理

清除基层表面尘土和其他黏附物,铲除疏松、起壳、脆裂的旧涂层,如图 4-14 所示。

2. 刷底胶(界面剂)

如果墙面较疏松,吸水性较强,可以在清理完毕的基层上均匀地涂刷一至二遍胶水打底。

3. 局部补腻子与满刮腻子

基层打底干燥后,用腻子找补,如图 4-15 所示。

4. 涂刷底层涂料

将底层涂料搅拌均匀,用滚筒刷或排笔刷均匀涂刷一遍。

5. 涂刷面层涂料

一般涂刷 2~3 遍涂料。

图 4-14　铲除旧涂层

图 4-15　刮腻子

二、质量检查控制要点

　　旧墙面在涂刷涂料前应清除疏松的旧装修层,并涂刷界面剂。基层腻子应平整、坚实、牢固,无粉化、起皮和裂缝。水性涂料涂饰工程施工的环境温度应在 5~35 ℃ 之间。涂饰工程应在涂层养护期满后进行质量验收。

　　涂饰工程验收时应认真检查施工图,设计说明,材料的产品合格证书、性能检测报告、进场验收记录,施工记录等文件。

涂饰工程所用涂料的品种、型号、性能、颜色、图案应符合设计要求。

涂饰工程应涂刷均匀,黏结牢固,不得漏涂、透底、起皮和掉粉。

三、检验批验收要点

室外涂饰工程每一栋楼的同类涂料涂刷的墙面每 $500\sim1\,000\ m^2$ 应划分为一个检验批,不足 $500\ m^2$ 也应划分为一个检验批。每 $100\ m^2$ 应至少检查一处,每处不得小于 $10\ m^2$。室内涂饰工程同类涂料涂刷墙面每 50 间(大面积房间和走廊按涂刷面积 $30\ m^2$ 为一间)应划分为一个检验批,不足 50 间也应划分为一个检验批。每个检验应至少抽查 10%,并不得少于 3 间,不足 3 间时应全数检查。

通过观察,检验涂饰工程的颜色是否符合要求,有无流坠、砂岩、刷纹等现象。通过观察和手摸,检测涂层是否黏结牢固,有无起皮掉粉。如有套色、花纹,需观察图案是否轮廓清晰,位置是否准确。

薄涂料的涂饰质量和检验方法见表 4-14。

厚涂料的涂饰质量和检验方法见表 4-15。

表 4-14   薄涂料的涂饰质量和检验方法

	项目	普通涂饰	高级涂饰	检验方法
1	颜色	均匀一致	均匀一致	观察
2	泛碱、咬色	允许少量轻微	不允许	
3	流坠、疙瘩	允许少量轻微	不允许	
4	砂眼、刷纹	允许少量轻微砂眼、刷纹通顺	无砂眼,无刷纹	
5	装饰线、分色线直线度允许偏差/mm	2	1	拉 5 m 线,不足 5 m 拉通线,用钢直尺检查

表 4-15   厚涂料的涂饰质量和检验方法

	项目	普通涂饰	高级涂饰	检验方法
1	颜色	均匀一致	均匀一致	观察
2	泛碱、咬色	允许少量轻微	不允许	
3	点状分布	—	疏密均匀	

四、不合格原因

1. 流坠

(1)涂料太稀,附着力差,或基层表面有油、水等污物影响黏结,造成涂料在重力作用下产生流坠,如图 4-16 所示。

(2)涂层过厚或因基层表面不平,涂层厚薄不均匀,过厚的部位容易流坠。

（3）施工环境温度过低,漆膜干得慢。

图 4-16　流坠

2. 刷纹

（1）涂料黏度高,延展性不好或干燥快。

（2）毛刷过小或过硬。

3. 分色线不清晰

施工时没有用美纹纸分缝,或操作失误把未干的涂料沾到旁边,如图 4-17 所示。

图 4-17　边界不清晰

图 4-18　起皮、掉粉

4. 裂纹

（1）基层变形。

（2）涂料干燥过快，或与基层黏结不牢。

5. 起皮、掉粉

受潮或涂料不易成膜，如图 4-18 所示。

【思考】

涂料工程非常容易出现一些质量问题，这些问题是怎么产生的？可不可以避免？如果返工或修补需要怎么做？

子分部 8   裱糊与软包工程质量检测

裱糊与软包工程包括以下分项工程：

（1）裱糊工程；

（2）软包工程。

分项 1   裱 糊 工 程

一、质量检查控制要点

1. 主要材料的质量控制

（1）壁纸、壁布应整洁，图案清晰。塑料壁纸的质量应符合国家现行标准的有关规定。

（2）壁纸、壁布的图案、品种、色彩应符合设计要求，并应附有产品合格证。

（3）胶黏剂应按壁纸、壁布的品种选配，并应具有防霉、防菌、耐久等性能。有防火要求的，胶黏剂应具有耐高温不起层的性能。

（4）裱糊材料的环保性能应符合《民用建筑工程室内环境污染控制规范》（GB 50325）的规定。

（5）所有进入现场的材料，均应具有质量保证资料和近期性能检测报告。

2. 关键工序检查及隐蔽工程的报验

（1）裱糊后各幅拼接应横平竖直，拼接处花纹、图案应吻合，不离缝，不搭接，不显拼缝。

检验方法：观察，拼缝检查（距离墙面 1.5 m 处正视）。

（2）壁纸、墙布应粘贴牢固，不得有漏贴、补贴、脱层、空鼓和翘边。

检验方法：观察，手摸检查。

（3）壁纸、墙布与各种装饰线、设备线盒应交接严密。

检验方法：观察。

3. 外观质量检查

裱糊后的壁纸、壁布表面应平整,色泽应一致,不得有波纹起伏、气泡、裂缝、皱折及斑污,斜视时应无胶痕。

检验方法:观察,手摸检查。

二、检验批验收内容

1. 裱糊工程验收时应检查下列文件和记录:

(1) 裱糊工程的施工图、设计说明及其他设计文件。

(2) 饰面材料的样板及确认文件。

(3) 材料的产品合格证书、性能检测报告、进场验收记录和复验报告。

(4) 施工记录。

2. 同一品种的裱糊工程每 50 间(大面积房间和走廊按施工面积 30 m² 为一间计算)应划分为一个检验批,不足 50 间也应划分为一个 检验批。

3. 裱糊工程每个检验批应至少抽查 10%,并不得少于 3 间,不足 3 间时应全数检查。

三、检验批验收要点

1. 主控项目

(1) 壁纸、墙布的种类、规格、图案、颜色和燃烧性能等级必须符合设计要求及国家现行标准的有关规定。

检验方法:观察,检查产品合格证书、进场验收记录和性能检测报告。

(2) 裱糊工程基层处理质量应符合要求。

检验方法:观察,手摸检查,检查施工记录。

(3) 裱糊后各幅拼接应横平竖直,拼接处花纹、图案应吻合,不离缝,不搭接,不显拼缝。

检验方法:观察,拼缝检查(距离墙面 1.5 m 处正视)。

(4) 壁纸、墙布应粘贴牢固,不得有漏贴、补贴、脱层、空鼓和翘边。

检验方法:观察,手摸检查。

2. 一般项目

(1) 复合压花壁纸的压痕及发泡壁纸的发泡层应无损坏。

检验方法:观察。

(2) 壁纸、墙布与各种装饰线、设备线盒应交接严密。

检验方法:观察。

(3) 壁纸、墙布边缘应平直整齐,不得有纸毛、飞刺。

检验方法:观察。

(4) 壁纸、墙布阴角处搭接应顺光,阳角处应无接缝。

检验方法:观察。

分项 2　软包工程

一、质量检查控制要点

1. 主要材料的质量控制

（1）木基层材料

木龙骨、木基层板、木线等木材的树种、规格、等级，防火、防蛀、防腐蚀等处理，均应符合设计图要求和国家有关规范的技术标准。

（2）面层材料

① 墙布、锦缎、人造革、真皮革等面料，其防火性能必须符合设计要求及建筑内装修设计防火的有关规定。

② 海绵橡胶板、聚氯乙烯等填充材料，其防火性能必须符合设计要求及建筑内装修设计防火的有关规定。

③ 饰面用的木压条、压角木线、木贴脸（或木线）等，采用工厂加工的成品，含水率应不大于12%，厚度及质量应符合设计要求。

（3）其他材料

胶黏剂、防火涂料、防腐剂、钉子、木贴脸（木线）等其他材料应根据设计要求采用。其中胶黏剂、防腐剂必须满足环保要求。

2. 关键工序检查及隐蔽工程的报验

（1）软包工程的龙骨、衬板、边框应安装牢固，无翘曲，拼缝应平直。

检验方法：观察，手扳检查。

（2）单块软包面料不应有接缝，四周应绷压严密。

检验方法：观察，手摸检查。

3. 外观质量检查

软包工程表面应平整、洁净，无凹凸不平及皱褶。图案应清晰、无色差，整体应协调美观。

检验方法：观察。

二、检验批验收内容

1. 软包工程验收时应检查下列文件和记录：

（1）软包工程的施工图、设计说明及其他设计文件。

（2）饰面材料的样板及确认文件。

（3）材料的产品合格证书、性能检测报告、进场验收记录和复验报告。

（4）施工记录。

2. 同一品种的软包工程每 50 间（大面积房间和走廊按施工面积 30 m² 为一间）应划分为一个检验批，不足 50 间也应划分为一个检验批。

3. 软包工程每个检验批应至少抽查 20%，并不得少于 6 间，不足 6 间时应全数检查。

三、检验批验收要点

1. 主控项目

（1）软包面料、内衬材料及边框的材质、颜色、图案、燃烧性能等级和木材的含水率应符合设计要求及国家现行标准的有关规定。

检验方法：观察，检查产品合格证书、进场验收记录和性能检测报告。

（2）软包工程的安装位置及构造做法应符合设计要求。

检验方法：观察，尺量检查，检查施工记录。

（3）软包工程的龙骨、衬板、边框应安装牢固，无翘曲，拼缝应平直。

检验方法：观察，手扳检查。

（4）单块软包面料不应有接缝，四周应绷压严密。

检验方法：观察，手摸检查。

2. 一般项目

（1）软包边框应顺直、接缝吻合。其表面涂饰质量应符合涂饰工程的有关规定。

检验方法：观察，手摸检查。

（2）清漆涂饰木制边框的颜色、木纹应协调一致。

检验方法：观察。

（3）软包工程安装的允许偏差和检验方法应符合表 4-16 的规定。

表 4-16　软包工程安装的允许偏差和检验方法

项次	项目	允许偏差/mm	检验方法
1	垂直度	3	用 1 m 垂度尺检查
2	边框宽度、高度	0，-2	用钢直尺检查
3	对角线长度差	3	用钢直尺检查
4	裁口、线条接缝高低差	1	用钢直尺和塞尺检查

子分部 9　木作与细部工程质量检测

木作与细部子分部工程包括以下分项工程：

（1）橱柜制作与安装。

（2）窗帘盒、窗台板、散热器罩制作与安装。

（3）门窗套制作与安装。

（4）护栏和扶手制作与安装。

（5）花饰制作与安装。

分项 1   门窗套制作与安装

一、质量检查控制要点

1. 主要材料的质量控制

（1）主要材料的颜色、花纹、规格、性能应符合设计要求。查看材料的产品合格证书、性能检测报告、进场验收记录和复验报告。

（2）木门（窗）套线和木质基层板、面板的含水率应小于 12%。

2. 关键工序检查及隐蔽工程的报验

（1）木门（窗）套线和木质基层板、面板在使用前应对其各表面涂刷饰面型防火涂料并报验。

（2）木龙骨、基层板安装时应平直方正，固定要牢固。

3. 外观质量检查

（1）同房间、同一侧门（窗）套线、面板的颜色应均匀一致。门（窗）套线的接头位置应避开视线范围。

（2）门窗套线的接角形式、收口样式应符合设计要求。

（3）门窗套表面不允许有露出的钉头（钉头应冲入板面 1 mm）。

（4）并排的同规格的门（窗），其门（窗）套上口的标高应平齐。

4. 尺寸偏差检查符合《建筑装饰装修工程质量验收规范》（GB 50210）的规定。

二、检验批验收内容

1. 查看设计文件（施工图）。

2. 查看材料质量文件。

（1）材料的产品合格证书、同批次材料的性能检测报告；

（2）材料进场检验记录；

（3）人造板甲醛含量复验报告；

（4）花岗石放射性复验报告。

3. 查看施工记录、验收记录。

（1）自检、互检及工序交接检查记录；

（2）隐蔽工程验收记录；

（3）施工记录。

4. 对检验批抽样检查，填写检验批检查记录表。

同类制品每 50 间（处）应划分为一个检验批，不足 50 间（处）也应划分为一个检验批。每个验收批应至少抽查 3 间，不足 3 间时应全部抽查。

（1）抽查样本均应符合《建筑装饰装修工程质量验收规范》（GB 50210）主控项目的规定。

（2）抽查样本的 80% 以上应符合《建筑装饰装修工程质量验收规范》（GB 50210）一般项目的规定。其余样本不得有影响使用功能或明显影响装饰效果的缺陷，并不得超过允许偏差的 1.5 倍。

三、检验批验收要点

1. 主控项目

（1）门窗套制作与安装所使用材料的材质、规格、花纹和颜色,木材的燃烧性能等级和含水率,花岗石的放射性及人造木板的甲醛含量应符合设计要求及国家现行标准的有关规定。

检验方法:观察,查看材料的产品合格证书、性能检测报告、进场验收记录和复验报告。

（2）门窗套的造型、尺寸和固定方法应符合设计要求,安装应牢固。

检验方法:观察,尺量检查,手扳检查。

2. 一般项目

（1）门窗套表面应平整、洁净、线条顺直、接缝严密、色泽一致,不得有裂缝、翘曲及损坏。

检验方法:观察。

（2）门窗套安装的允许偏差和检验方法应符合表 4-17 的规定。

表 4-17   门窗套安装的允许偏差和检验方法

项次	项目	允许偏差/mm	检验方法
1	正、侧面垂直度	3	用 1 m 垂度尺检查。
2	门窗套上口水平度	1	用 1 m 水平检测尺和塞尺检查。
3	门窗套上口直线度	3	拉 5 m 线,不足 5 m 拉通线,用钢直尺检查

分项 2   护栏和扶手制作与安装

一、质量检查控制要点

1. 主要材料的质量控制

（1）主要材料的颜色、花纹、规格、性能应符合设计要求。查看材料的产品合格证书、性能检测报告、进场验收记录和复验报告。

（2）木材的含水率应小于 12%。

（3）护栏玻璃应使用公称厚度不小于 12 mm 的安全玻璃（钢化玻璃或钢化夹层玻璃）。当护栏一侧距楼地面高度为 5 m 及以上时,应使用钢化夹层玻璃。安全玻璃表面应有 3C 认证标志。

2. 关键工序检查及隐蔽工程的报验

（1）护栏和扶手安装预埋件的数量、规格、位置以及护栏与预埋件的连接节点应符合设计要求,并报隐蔽验收。

（2）护栏高度、栏杆间距、安装位置必须符合设计要求。护栏安装必须牢固。

3. 外观质量检查

（1）颜色应均匀一致,接缝应严密,表面应光滑,转角弧度应符合设计要求。

（2）不得有裂缝、翘曲及损坏。

4. 尺寸偏差检查符合《建筑装饰装修工程质量验收规范》（GB 50210）的规定。

二、检验批验收内容

1. 查看设计文件(施工图)。

2. 查看材料质量文件。

(1) 材料产品出厂合格证、性能检测报告;

(2) 材料进场检验记录;

(3) 花岗石放射性复验报告;

(4) 安全玻璃安全性的复验报告。

3. 查看施工记录、验收记录。

(1) 自检、互检及工序交接检查记录;

(2) 隐蔽工程验收记录、后置埋件现场拉拔试验记录;

(3) 施工记录。

4. 对检验批抽样检查,填写检验批检查记录。

同类制品每 50 间(处)应划分为一个检验批,不足 50 间(处)也应划分为一个检验批。每部楼梯应划分为一个检验批,每个检验批的护栏和扶手应全部检查。

(1) 抽查样本均应符合《建筑装饰装修工程质量验收规范》(GB 50210)主控项目的规定。

(2) 抽查样本的 80%以上应符合《建筑装饰装修工程质量验收规范》(GB 50210)一般项目的规定。其余样本不得有影响使用功能或明显影响装饰效果的缺陷,并不得超过允许偏差的1.5 倍。

三、检验批质量验收要点

1. 主控项目

(1) 检查施工图、设计说明等设计文件。

(2) 护栏和扶手制作与安装所使用材料的材质、规格、数量和木材、塑料的燃烧性能等级应符合设计要求。

检验方法:观察,尺量检查,检查产品合格证书、进场验收记录和性能检测报告。

(3) 护栏和扶手的造型、尺寸及安装位置应符合设计要求。

检验方法:观察,尺量检查,检查进场验收记录。

(4) 护栏和扶手安装预埋件的数量、规格、位置以及护栏与预埋件的连接节点应符合设计要求。

检验方法:检查隐蔽验收记录和施工记录。

(5) 护栏高度、栏杆间距、安装位置必须符合设计要求。护栏安装必须牢固。

检验方法:观察,尺量检查,手扳检查。

2. 一般项目

(1) 护栏和扶手转角弧度应符合设计要求,接缝应严密,表面应光滑,色泽应一致,不得有裂缝、翘曲及损坏。

检验方法:观察,手摸检查。

(2) 护栏和扶手安装的允许偏差和检验方法应符合表 4-18 的规定。

表 4-18　护栏和扶手安装的允许偏差和检验方法

项次	项目	允许偏差/mm	检验方法
1	护栏垂直度	3	用 1 m 垂度尺检测尺检查
2	栏杆间距	3	用钢直尺检查
3	扶手直线度	4	拉通线,用钢直尺检查
4	扶手高度	3	用钢直尺检查

分项 3　花饰制作与安装

一、质量检查控制要点

1. 主要材料的质量控制

主要材料的颜色、花纹、规格、性能应符合设计要求。查看材料的产品合格证书、进场验收记录。

2. 关键工序检查

花饰的安装位置和固定方法必须符合设计要求,固定必须牢固。

3. 外观质量检查

花饰表面应洁净、接缝应严密,不得有歪斜、裂缝、翘曲和损坏。

4. 尺寸偏差检查

尺寸偏差应符合规范《建筑装饰装修工程质量验收规范》(GB 50210)规定。

二、检验批验收内容

1. 查看设计文件(施工图)。

2. 查看材料质量文件。

(1) 同批次的材料产品合格证;

(2) 材料进场检验记录。

3. 查看施工记录、验收记录。

4. 对检验批的抽样检查,填写检验批检查记录。

花饰制作与安装分项工程包括混凝土、石材、木材、塑料、金属、玻璃、石膏等花饰制作与安装。同类制品每 50 间(处)应划分为一个检验批,不足 50 间(处)也应划分为一个检验批。室外每个检验批应全部检查;室内每个验收批应至少抽查 3 间(处),不足 3 间(处)应全部抽查。

(1) 抽查样本均应符合《建筑装饰装修工程质量验收规范》(GB 50210)主控项目的规定。

(2) 抽查样本的 80% 以上应符合《建筑装饰装修工程质量验收规范》(GB 50210)一般项目的规定。其余样本不得有影响使用功能或明显影响装饰效果的缺陷,并不得超过允许偏差的 1.5 倍。

三、检验批验收要点

1. 主控项目

(1) 花饰制作与安装所使用材料的材质、规格应符合设计要求。

检验方法:观察,尺量检查,检查产品合格证书和进场验收记录。

(2)花饰的造型、尺寸应符合设计要求。

检验方法:观察,尺量检查。

(3)花饰的安装位置和固定方法必须符合设计要求,安装必须牢固。

检验方法:观察,尺量检查,手扳检查。

2. 一般项目

(1)花饰表面应洁净,接缝应严密吻合,不得有歪斜、裂缝、翘曲及损坏。

检验方法:观察。

(2)花饰安装的允许偏差和检验方法应符合表4-19的规定。

表 4-19　花饰安装的允许偏差和检验方法

项次	项目		允许偏差/mm		检验方法
1	条型花饰的水平度或垂直度	每米	1	2	拉线和用 1 m 垂直检测尺检查
		全长	3	6	
2	单独花饰中心位置偏移		10	15	拉线和用钢直尺检查

子分部 10　地面工程质量检测

地面工程包括以下分项工程:

(1)地板砖、石材;

(2)木地板、复合地板;

(3)地毯;

(4)塑料地板。

分项 1　地板砖、石材

一、质量检查控制要点

1. 主要材料的质量控制

(1)地板砖、石材等的质量应符合标准要求。

(2)水泥:32.5级普通硅酸盐水泥,质量应符合标准要求。

(3)砂:含泥量不超过3%,过8 mm方孔筛。

(4)白水泥:擦缝用。

(5)建筑801胶。

(6)自来水。

2. 关键工序检查及隐蔽工程的报验

(1)施工时应注意对定位定高的标准杆、尺、线的保护,不得触动、移位。

（2）建筑地面下的沟槽、暗管等工程完工后,应经检验合格并做隐蔽工程记录,方可进行建筑地面工程的施工。

（3）基层处理与浇水润湿,干硬性水泥砂浆的配合比应符合要求。

（4）正式铺贴前一定要先进行试铺,铺贴用的水泥砂浆或黏结剂的配合比应符合要求。

（5）平整度、接缝工艺应符合要求,有排水要求的房间应按规定找坡。

（6）表面的水泥、污染物应随铺随清理干净,铺好后的地面禁止上人。

（7）地板砖、石材铺装完成后,应及时进行遮盖,24 小时后洒水养护 3～5 天。

3. 外观质量检查

地板砖、石材面层的表面应洁净、图案清晰、色泽一致、接缝平整、周边顺直。板块无裂纹、掉角和缺棱等缺陷。

检验方法:观察检查。

二、检验批验收内容

1 .建筑地面工程施工质量的检验与验收,应符合下列规定:

（1）基层（各构造层）和各类面层的分项工程的施工质量验收应按每一层或每层施工段（或变形缝）作为检验批,高层建筑的标准层可按第三层（不足三层按三层计）作为检验批。

（2）每检验批应以各子分部工程的基层（各构造层）和各类面层所划分的分项工程按自然间（或标准间）检验,抽查数量随机检验不应少于 3 间。不足 3 间,应全数检查,其中走廊（过道）应以 10 延米为一间,工业厂房（按单跨计）、礼堂、门厅应以两个轴线为一间计算。

（3）有防水要求的建筑地面子分部工程的分项工程,每检验批抽查数量应按其房间总数随机检验不应少于 4 间,不足 4 间,应全数检查。

2 .建筑地面工程分项工程施工质量验收的主控项目,全部达到《建筑地面工程施工质量验收规范》（GB 50209）规定的质量标准,认定为合格;一般项目 80% 以上的检查点（处）应符合《建筑地面工程施工质量验收规范》（GB 50209）规定的质量要求,其他检查点（处）不得有明显影响使用的缺陷,并不得超过允许偏差的 1.5 倍,认定为合格。凡达不到质量标准时,应按《建筑工程施工质量验收统一标准》（GB 50300）的规定处理。

3 .建筑地面采用的石材必须符合现行国家标准《建筑材料放射性核素限量》（GB 6566）中有害物质的限量规定,进场应有检测报告。

三、检验批验收要点

1. 主控项目

（1）地板砖、石材面层所用的板块的品种、质量必须符合设计要求。

检验方法:观察检查地板砖、天然石材合格证明文件及检测报告。

（2）地板砖、石材面层与下一层的结合（黏结）牢固,无空鼓。

检验方法:小锤轻击检查,凡单块砖边角有局部空鼓,且每自然间（标准间）不超过总数的5%可不计。

2. 一般项目

（1）地板砖、石材面层邻接处的镶边用料及尺寸应符合设计要求,边角须整齐、光滑。

检验方法：观察,用钢直尺检查。

（2）踢脚线表面应洁净,高度一致,结合牢固,出墙厚度一致。

检验方法：观察,用小锤轻击及用钢直尺检查。

（3）楼梯踏步和台阶板块的缝隙宽度应一致、齿角整齐。楼段相邻踏步高度差应不大于10 mm。防滑条应顺直。

检验方法：观察,用钢直尺检查。

（4）地板砖、石材层表面的坡度应符合设计要求,不倒泛水,无积水;与地漏、管道结合处应严密牢固,无渗漏。

检验方法：观察,泼水,坡度尺及蓄水检查。

（5）地板砖、石材铺贴工程的允许偏差和检验方法应符合表 4-20 的规定。

表 4-20　地板砖、石材铺贴工程的允许偏差和检验方法

项次	项目	允许偏差/mm			检验方法
		普通地板砖	抛光地板砖、磨光大理石、磨光花岗石	碎拼大理石、花岗石	
1	表面平整度	2	1	3	用 2 m 靠尺和楔形塞尺检查
2	缝格平直	2	2	—	拉 5 m 线和用钢直尺检查
3	接缝高低差	0.5	0.5	—	用钢直尺和楔形塞尺检查
4	踢脚线上口平直	3	1	1	拉 5 m 线和用钢直尺检查
5	板块间隙宽度	2	1	—	用钢直尺检查

分项 2　木地板、复合地板

一、质量检查控制要点

1. 主要材料的质量控制

木地板的品种、花纹、规格应符合设计要求,包装完整,数量与单据一致,并有产品检验合格证和检测报告。现场检测外观质量和尺寸偏差符合国家标准要求,现场检测木地板的含水率不超过 12%。

（1）实木地板的质量应符合《实木地板》(GB/T 15036)的规定,底面应作防腐、防蛀处理,宜选用免刨免漆产品。实木复合地板的质量应符合《浸渍纸层压板饰面多层实木复合地板》(GB/T 24507)的规定。

（2）强化地板的质量应符合《浸渍纸层压木质地板》(GB/T 18102)的规定及设计要求。强化地板配套使用的泡沫地垫,要求为厚度适中、压缩变形能力强、弹性较好的优质产品,使地板脚感更舒适。进口产品要有海关报关单复印件。

（3）竹地板的质量应符合《竹地板》(GB/T 20240)的规定。

2. 关键工序检查及隐蔽工程的报验

（1）施工时应注意对定位定高的标准杆、尺、线的保护，不得触动、移位。

（2）各类木地板的铺设宜在室内装饰工程基本完工且管道试压测试完成后进行。

（3）建筑地面下的沟槽、暗管等工程完工后，应经检验合格并做隐蔽工程记录，方可进行木地板工程的施工。

（4）地面的基层处理、防潮处理应符合设计要求。

（5）木龙骨、基层板、毛地板的防火处理应符合设计要求。

（6）木龙骨的安装间距、固定方法应符合设计要求。

（7）靠墙处的木地板端头或侧边部距墙应留 8~10 mm 的间隔。

（8）房间面积过大时，应按规定设伸缩缝，相邻两房间的门口应设伸缩缝。

（9）木地板表面应平整，固定应牢固。

（10）木地板与厕浴间的门口处应按设计要求做防水、防潮构造。

3. 外观质量检查

木地板面层如不是免刨免漆产品，应刨平、磨光，应无明显刨痕和毛刺等现象。木地板面层应图案清晰、颜色均匀一致。

检验方法：观察，手摸和脚踩检查。

二、检验批验收内容

1. 建筑地面工程施工质量的检验与验收，应符合下列规定。

（1）基层（各构造层）和各类面层的分项工程的施工质量验收应按每一层或每层施工段（或变形缝）作为检验批，高层建筑的标准层可每三层（不足三层按三层计）作为检验批。

（2）每检验批应以各子分部工程的基层（各构造层）和各类面层所划分的分项工程按自然间（或标准间）检验，抽查数量随机检验不应少于 3 间，不足 3 间，应全数检查。其中走廊（过道）应以 10 延米为一间，工业厂房（按单跨计）、礼堂、门厅应以两个轴线为一间计算。

2. 建筑地面工程分项工程施工质量检验的主控项目，全部达到《建筑地面工程施工质量验收规范》（GB 50209）规定的质量标准，认定为合格；一般项目 80% 以上的检查点（处）应符合《建筑地面工程施工质量验收规范》（GB 50209）规定的质量要求，其他检查点（处）不得有明显影响使用的缺陷，并不得超过允许偏差值的 1.5 倍为合格。凡达不到质量标准时，应按《建筑工程施工质量验收统一标准》（GB 50300）的规定处理。

三、检验批验收要点

1. 主控项目

（1）木地板面层所采用的材质和铺设时的木材含水率必须符合设计要求。木地板面层所采用的条材和块材，其技术等级及质量要求应符合设计要求。木搁栅、垫木和毛地板等必须做防腐、防蛀处理。

检验方法：观察，检查材质合格证明文件及检测报告。

（2）木搁栅安装应牢固、平直。

检验方法：观察，脚踩检查。

（3）面层铺设应牢固,黏结无空鼓。

检验方法:观察,脚踩或用小锤轻击检查。

2. 一般项目

（1）木地板面层如不是免刨免漆产品,应刨平、磨光,应无明显刨痕和毛刺等现象;木地板面层应图案清晰、颜色均匀一致。

检验方法:观察,手摸和脚踩检查。

（2）面层缝隙应严密,接缝位置应错开,表面应洁净。

检验方法:观察。

（3）拼花地板接缝应对齐,粘、钉严密,缝隙宽度均匀一致。表面应洁净,胶粘无溢胶。

检验方法:观察。

（4）踢脚线表面应光滑,接缝严密,高度一致。

检验方法:观察和钢直尺检查。

（5）木地板面层的允许偏差和检验方法应符合表4-21的规定。

表4-21　木地板面层的允许偏差和检验方法

项次	项目	允许偏差/mm				检验方法
		松木地板	硬木地板	拼花地板	复合地板	
1	板面缝隙宽度	1	0.5	0.2	0.5	用钢直尺检查
2	表面平整度	3	2	2	2	用2 m靠尺和楔形塞尺检查
3	踢脚线上口平齐	3	3	3	3	拉5 m线和用钢直尺检查
4	板面拼缝平直	3	3	3	3	拉5 m线和用钢直尺检查
5	相邻板材高差	0.5	0.5	0.5	0.5	用钢直尺和楔形塞尺检查
6	踢脚线与面层的接缝	1	1	1	1	用钢直尺检查

分项3　地　　毯

一、质量检查控制要点

1. 主要材料的质量控制

（1）地毯工程使用的材料,其质量应符合要求。

（2）固定地毯的倒刺板、压条和收口条已备足。

2. 关键工序检查及隐蔽工程的报验

（1）施工时应注意对定位定高的标准杆、尺、线的保护,不得触动、移位。

（2）地毯面层的铺设宜在室内装饰工程基本完工并且管道试压等测试完成后进行。

（3）建筑地面下的沟槽、暗管等工程完工后,应经检验合格并做隐蔽工程记录,方可进行地毯工程的施工。

3. 外观质量检查

地毯表面不应起鼓、起皱、翘边、卷边、显拼缝、露线和无毛边,绒面毛应顺光一致,毯面应干净、无污染和损伤。

检验方法:观察检查。

二、检验批验收内容(同分项 2)

同分项 2 木地板、复合地板。

三、检验批验收要点

1. 主控项目

(1)地毯的品种、规格、颜色、花色、胶料和辅料及其材质必须符合设计要求和国家现行地毯产品标准的规定。

检验方法:观察,检查材质合格记录。

(2)地毯表面应平服,拼缝处粘贴牢固,严密平整,图案吻合。

检验方法:观察。

2. 一般项目

地毯同其他面层连接处、收口处和墙边、柱子周围应顺直、压紧。

检验方法:观察。

分项 4　塑 料 地 板

一、质量检查控制要点

1. 主要材料的质量控制

(1)塑料地板的质量应符合现行国家标准的有关规定。

(2)塑料地板的图案、品种、色彩应符合设计要求,并应附有产品合格证。

(3)所有进入现场的材料,均应有质量保证资料和近期性能检测报告。

2. 关键工序检查及隐蔽工程的报验

(1)施工时应注意对定位定高的标准杆、尺、线的保护,不得触动、移位。

(2)塑料地板的铺设宜在室内装饰工程基本完工后进行。

(3)建筑地面下的沟槽、暗管等工程完工后,应经检验合格并做隐蔽工程记录,方可进行塑料地板工程的施工。

3. 外观质量检查

(1)检查塑料地板表面有无裂纹、断裂和分层现象、折皱痕迹、气泡污染点及图案变形现象。

检验方法:观察。

(2)检查塑料地板表面有无漏印图案和表面透明耐磨膜层的缺损。

检验方法:观察。

二、检验批验收内容

同分项 2 木地板、复合地板。

三、检验批验收要点

1. 主控项目

（1）塑料地板的品种、规格、颜色、花色、胶料和辅料及其材质必须符合设计要求和国家现行塑料地板产品标准的规定。

检验方法：观察和检查材质合格记录。

（2）塑料地板不能有缺口、龟裂、分层、凹凸不平、明显纹痕、光泽不均、色调不匀、污染、异物、伤痕等明显质量缺陷，还应检测每块板的尺寸，边长误差应小于 0.3 mm、厚度误差应小于0.15 mm。

检验方法：观察和钢直尺检查。

2. 一般项目

（1）塑料地板应表面洁净，图案清晰，色泽一致，接缝顺直、严密、美观。

检验方法：观察。

（2）拼缝处的图案应花纹吻合，无胶痕，与墙边交接严密，阴阳角收边方正。

检验方法：观察。

（3）踢脚线应表面洁净，黏结牢固，接缝平整，出墙厚度一致，上口平直。

检验方法：观察。

（4）地面镶边用料尺寸准确，边角整齐，拼接严密，接缝顺直。

检验方法：观察。

（5）塑料地板面层的允许偏差和检验方法应符合表 4-22 的规定。

表 4-22　塑料地板面层的允许偏差和检验方法

项次	项目	允许偏差/mm	检验方法
1	表面平整度	2	用 2 m 靠尺和楔形塞尺检查
2	缝格平直	1	拉 5 m 线和用钢尺检查
3	接缝高低差	0.5	尺量和楔形塞尺检查
4	踢脚线上口平齐	1	拉 5 m 直线检查，不足 5 m 时拉通线检查
5	相邻板块排缝宽度	0.5	尺量检查

单元五　装饰工程常见质量问题预防及处理

单元概述

本单元主要给出了装饰工程常见质量问题预防及处理的 10 个案例。

单元目标

1. 知识目标

熟悉装饰工程中常见的质量问题产生的原因、处理方法及预防措施。

2. 专业能力目标

会对装饰工程常见的质量问题的原因进行分析,并能进行处理和预防。

3. 专业素养目标

理论联系实际,具体问题具体分析。在实践中学习、在学习中实践,培养高度的质量意识。

案例1　轻钢龙骨纸面石膏板隔墙开裂

一、背景资料

某机关对下属事业单位的办公用房进行排查时,发现多数办公室存在面积严重超标准的情况,责令下属单位根据《党政机关办公用房建设标准》的要求(处级领导干部使用面积不得超过12 m²),限期2周之内完成整改。

于是该事业单位对框架结构的办公楼2楼进行改造,将多个大房间重新装轻质隔墙进行分割,主要项目为轻钢龙骨纸面石膏板隔墙、内墙面乳胶漆和防盗门安装;该工程由某装饰公司承接,完工验收时,发现多处隔墙出现裂缝,裂缝为竖向,主要集中在石膏板的接缝处及石膏板与门的结合处。

二、问题

(1)分析本案例中产生质量问题的原因。

(2)针对本案例产生的质量问题,提出预防及处理措施。

(3)在轻钢龙骨纸面石膏板隔墙的施工中如何确定质量控制点?

三、原因分析及预防控制

根据本案例中纸面石膏板隔墙出现开裂的情况,进行了原因分析,并提出了预防和处理措施。

1. 纸面石膏板隔墙开裂的原因

(1)轻钢龙骨的质量不合格或不符合设计要求。

(2)纸面石膏板的质量不合格或不符合设计要求。

(3)骨架安装不符合设计要求(如骨架间距、骨架连接固定方法、支撑卡的安装位置和数量、贯穿龙骨安装的道数不符合设计要求,门窗两侧没有安装加强龙骨)。本案例中裂缝主要集中在石膏板与门的结合处,说明隔墙与门的结合部位连接不牢固或没有安装加强龙骨。

(4)安装石膏板时,因自攻螺钉间距过大导致石膏板固定不牢固,或因自攻螺钉距离石膏板边沿距离过小致使石膏板破边而不能固定牢固。

(5)石膏板接缝处没有按施工工艺标准进行防开裂处理。本案例中发现的多处隔墙出现裂缝,裂缝为竖向,主要集中在石膏板的接缝处,说明主要问题出在石膏板的接缝处理上。

2. 预防及处理措施

(1)应按设计要求选用合格的轻钢龙骨和纸面石膏板。

① 纸面石膏板的选用:有防火要求的应选用防火纸面石膏板,有防潮要求的应选用防水纸面石膏板。纸面石膏板的质量应符合《纸面石膏板》(GB/T 9775)的规定,厚度要求方面,普通纸面石膏板不应小于9.5 mm,耐火纸面石膏板不应小于12 mm。

② 轻钢龙骨的选用：高度 3.5 m 以上的隔墙应选用 75 系列隔墙轻钢龙骨；高度 6 m 以上的隔墙应选用 100 系列隔墙轻钢龙骨。沿顶、沿地、竖向龙骨的钢板厚度最小不应小于 0.6 mm；贯穿龙骨的钢板厚度最小不应小于 1.0 mm。轻钢龙骨的质量应符合《建筑用轻钢龙骨》（GB/T 11981）的规定，轻钢龙骨配件的质量应符合《建筑用轻钢龙骨配件》（JC/T 558）的规定。

（2）轻钢龙骨安装时，竖龙骨的间距不应超过 600 mm，当在潮湿环境时或隔墙表面的装饰材料质量较大时，竖龙骨的间距不应大于 400 mm。竖龙骨与沿地、沿顶龙骨的连接一般可采用铝拉铆钉固定。隔墙高度在 3 m 以下时，应安装贯穿龙骨至少 1 道；隔墙高度超过 3 m 时，应安装贯穿龙骨至少 2 道；隔墙高度超过 5 m 时，安装贯穿龙骨应至少 3 道。在竖龙骨的开口端安装支撑卡时，一般安装间距为 400~600 mm，上、下两端支撑卡至竖龙骨端头的距离应为 20~25 mm。

（3）隔墙某处如果有安装门窗要求的，在安装隔墙轻钢骨架时，门窗洞口两侧要安装加强龙骨。加强龙骨要整根从地面直通天花（称为通天柱），不允许有中间对接。这样能防止因开关门窗的震动引起隔墙与门窗交接处开裂。

（4）安装纸面石膏板时，石膏板边沿处的自攻螺钉间距不能超过 200 mm，石膏板中间部位的自攻螺钉间距不能超过 300 mm。自攻螺钉与板边沿的距离为 10~15 mm。石膏板的固定应在无应力状态下进行（自攻螺钉应从纸面石膏板的一边向另一边安装，避免先固定好两边，再固定中间）。

（5）纸面石膏板的接缝必须接在龙骨上。隔墙两侧的纸面石膏板接缝不允许出现在同一根竖龙骨上。

（6）纸面石膏板安装时，石膏板接缝处要留出 3~4 mm 缝隙，并按施工工艺标准进行防开裂处理（一般采用防裂腻子批缝，再贴穿孔纸带的方法处理）。

3. 纸面石膏板隔墙工程的质量控制点

（1）基层弹线。

（2）轻钢龙骨的规格与间距。

（3）石膏板的品种规格。

（4）安装石膏板时螺钉间距。

（5）石膏板间的留缝与防开裂处理。

案例 2　轻钢龙骨纸面石膏板吊顶底面不平整、接缝开裂

一、背景资料

某宾馆对大堂进行室内装饰改造，大堂面积约 200 m²，吊顶工程按设计要求采用跌级吊顶带灯槽的造型。为便于施工，在造型较复杂的跌级吊顶灯槽部位轻钢龙骨与大芯板结合使用，轻钢龙骨为 50 系列，基层为普通纸面石膏板，表面涂刷乳胶漆。工程按照先上后下、先湿后干、先水电通风后装饰装修的施工顺序。竣工验收三个月后，吊顶局部产生凸凹不平，纸面石膏板接缝处产生裂缝，裂缝多集中在跌级吊顶灯槽造型部位。

二、问题

（1）分析本案例中吊顶局部产生凹凸不平的原因。

（2）分析本案例中纸面石膏板接缝处产生裂缝的原因。

（3）针对本案例产生的质量问题，提出预防及处理措施。

（4）在轻钢龙骨纸面石膏板吊顶的施工中如何确定质量控制点？

三、原因分析及预防控制

根据本案例中纸面石膏板吊顶局部产生的凹凸不平和石膏板接缝处出现裂缝的现象，进行了原因分析和预防、处理措施。

1. 轻钢龙骨纸面石膏板吊顶局部产生凹凸不平的原因

（1）轻钢龙骨的质量不合格或不符合设计要求。

（2）纸面石膏板的质量不合格或不符合设计要求。

（3）吊杆根部固定不牢固，膨胀螺栓没拧紧或松动。

（4）吊点间距的设置，可能未按规范要求施工，没有满足不大于 1.2 m 的要求，特别是遇到设备时，没有增设吊杆或调整吊杆的构造，是产生顶面凹凸不平的关键原因之一。

（5）吊杆的直径可能不符合要求。

（6）吊顶骨架安装时，主龙骨的吊挂件、连接件的安装可能不牢固，连接件没有错位安装，次龙骨安装时未能紧贴主龙骨，次龙骨的安装间距大于 600 mm。这些都是产生吊顶面质量问题的原因。

（7）骨架调平、起拱没有做到位，隐蔽检查验收不认真。

（8）安装纸面石膏板不符合施工要求，如自攻螺钉间距过大导致石膏板固定不牢固；或因自攻螺钉距离石膏板边沿距离过小而致使石膏板破边而不能固定牢固；也可能是固定石膏板时从板的两端向中间固定而造成的石膏板产生了弯曲应力效应。

2. 轻钢龙骨纸面石膏板接缝处产生裂缝的原因

（1）骨架安装后安装纸面石膏板，板材安装前，特别是切割边对接处横撑龙骨的安装不符合要求，是造成板缝开裂的主要原因之一。

（2）本案例的吊顶面积较大，可能在设计上没有考虑预留伸缩缝来缓解吊顶的变形问题。

（3）石膏板接缝处没有按施工工艺标准进行防开裂处理。本案例中吊顶面发现的裂缝主要集中在纸面石膏板的接缝处，说明主要问题出在石膏板的接缝处理上。

（4）本案例的纸面石膏板裂缝多集中在跌级吊顶灯槽造型部位，可能是在造型复杂的部位采用木质材料（大芯板）的结果，因为木材与轻钢龙骨两种材料的性能有较大的差别，尤其是膨胀变形性能不一致，轻钢龙骨的变形主要是热胀冷缩的变形，而木材的变形主要是湿胀干缩的变形。

（5）纸面石膏板表面涂刷的乳胶漆如果质量较差（尤其是涂膜韧性较差时），也更容易产生裂缝甚至崩皮现象。

3. 预防及处理措施

（1）要按设计要求选用合格的轻钢龙骨、配件、纸面石膏板。

① 纸面石膏板的选用:纸面石膏板的质量应符合《纸面石膏板》(GB/T 9775)的规定,普通纸面石膏板厚度不应小于 9.5 mm。

② 吊顶轻钢龙骨的选用:主龙骨的钢板厚度最小不应小于 1.2 mm;次龙骨的钢板厚度最小不应小于 0.6 mm。次龙骨及横撑龙骨底面宽度不允许小于 50 mm。轻钢龙骨的质量应符合《建筑用轻钢龙骨》(GB/T 11981)的规定,轻钢龙骨配件的质量应符合《建筑用轻钢龙骨配件》(JC/T 558)的规定。

③ 50 系列的轻钢龙骨属于可临时上人的骨架系统,应选用不小于 $\phi 8$ mm 且经过冷拉的吊杆。当吊杆的长度超过 1 500 mm 时,应采取反向支撑措施,防止在后期进行的石膏板安装过程中,出现吊杆反弹或上浮而使石膏板局部出现凹凸不平现象。

(2) 吊顶骨架安装时,主龙骨的吊挂件、连接件的安装要牢固,连接件要错位安装,主龙骨间距一般不应超过 1 000 mm。次龙骨安装时应紧贴主龙骨,次龙骨的安装间距一般可采用 400 mm,最大不超过 600 mm。当石膏板的长边平行于次龙骨安装时,所有石膏板的短边接缝部位必须加装横撑龙骨。骨架安装后应认真进行调平、起拱,严格进行隐蔽检查验收。

(3) 大堂部位 200 m² 的吊顶已属大面积吊顶,设计应考虑吊顶骨架的加强措施,或在特定部位设伸缩缝以缓解因温度变形或干湿变形而产生石膏板接缝开裂现象。

(4) 在造型复杂的部位采用木质材料(大芯板)时,木材的含水率一定要达到施工要求(不超过 12%),因为木材与轻钢龙骨两种材料的性能有较大的差别,所以它们之间的连接应符合构造要求。为缓解变形,可在适当的位置预留工艺缝,或在接缝处采用压条盖缝。

(5) 安装纸面石膏板时,石膏板边沿处的自攻螺钉间距不能超过 150 mm,石膏板中间部位的自攻螺钉间距不能超过 200 mm。自攻螺钉与板边沿的距离为 10~15 mm。石膏板的固定应在无应力状态下进行(自攻螺钉应从纸面石膏板的一端向另一端固定,也可以从中间向两端固定,但不能从两端向中间固定)。

纸面石膏板的接缝必须接在次龙骨或横撑龙骨上。所有相邻的石膏板的短边接缝应至少错开 300 mm 以上。

(6) 纸面石膏板安装时,石膏板间的接缝及石膏板与墙面之间的接缝处要留出 3~4 mm 缝隙,并按施工工艺标准进行防开裂处理。

(7) 涂刷乳胶漆时,乳胶漆的质量一定要把握好,应选用涂膜韧性较好的乳胶漆,并按要求进行施工,能有效地防止石膏板底面产生裂缝甚至崩皮现象。

4. 轻钢龙骨纸面石膏板吊顶工程的质量控制点

(1) 吊顶抄平弹线。

(2) 吊杆安装。

(3) 轻钢龙骨架的安装,跌级吊顶处的构造。

(4) 龙骨架的调平、起拱。

(5) 安装石膏板时的螺钉间距。

(6) 石膏板间的留缝。

(7) 接缝防裂处理。

(8) 批腻子、磨平。

(9) 乳胶漆涂刷的遍数。

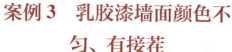

案例3　乳胶漆墙面颜色不匀、有接茬

一、背景资料

某企业对其办公楼进行装修改造,建筑面积 4 000 m²,冬季施工,工期为一个月。办公楼的内墙采用米黄色耐擦洗内墙乳胶漆,施工工艺为内墙腻子刮平,刷乳胶漆两遍。乳胶漆涂刷施工方法为辊涂施工为主,局部(推辊无法到达或不易操作的部位)手刷。

验收时发现多个房间出现墙面颜色不匀、有接茬的现象。

二、问题

(1)分析本案例中产生质量问题的原因。

(2)针对本案例产生的质量问题,提出预防及处理措施。

(3)内墙乳胶漆施工中如何确定质量控制点?

三、原因分析及预防控制

针对本案例中乳胶漆墙面出现颜色不匀和接茬现象,进行了原因分析,提出了预防、处理措施。

1. 乳胶漆墙面颜色不匀、有接茬的原因

(1)冬季施工,内墙腻子抹后,温度低,腻子没有充分干燥就刷涂乳胶漆可能是造成质量问题的主要原因。温度过低也会造成乳胶漆难以干燥成膜,从而影响施工质量。

(2)购买的乳胶漆可能不是同一批次,或者色号不一致。

(3)现场调色时,可能没有调制均匀,或者同一个房间的颜色不是一次调制,而是分两次或多次调制。

(4)乳胶漆使用时随意加水,未按使用说明要求加水。

(5)旧墙面的涂料层没有铲干净,或旧墙面出现返碱现象,使乳胶漆表面颜色不匀。

(6)乳胶漆涂刷时,两遍之间间隔的时间过短,前一遍乳胶漆没有充分干燥。

(7)工人辊涂或手刷的操作不当。

2. 预防及处理措施

(1)冬季施工,温度较低时,应考虑采取升温措施,否则腻子没有充分干燥就刷涂乳胶漆很可能会造成施工质量问题。应认真阅读乳胶漆的使用说明书,看其最低施工温度是多少(一般为 5 ℃以上),施工现场的温度一定要高于最低施工温度,否则乳胶漆难以干燥成膜,发生流坠、形成疙瘩、脱落或颜色不匀等问题。

(2)最好购买同一批次、同一色号的乳胶漆,不同批次的乳胶漆即使色号相同,颜色上也会稍微有差异。如果无法一次购买齐同一批次、同一色号的乳胶漆,那么至少也必须保证每个房间使用的乳胶漆是同一批次、同一色号的,这样才不易产生色差。

（3）现场调色时,应按施工要求调制均匀。正确的方法是先将色浆加入清水中充分搅匀,然后用滤网过滤后再缓缓加入乳胶漆中,边加边搅拌,并仔细观察颜色或与样本对照,直到颜色尽量接近样本颜色。注意乳胶漆的颜色有"湿深干浅"的视觉规律,也就是说在湿状态下看起来颜色较深,干燥后颜色会变淡。所以要想调制某种颜色,必须充分认识这种规律,并要进行长期的实践才能对颜色的调制有把握。

同一个房间的乳胶漆调色要一次调足,这样才能避免接茬现象。如果出现同一个房间调好色的乳胶漆不够时,必须把施工接茬留在墙面的阴阳角部位,这样可削弱颜色接茬现象。

（4）乳胶漆使用时要按使用说明要求加水,一般加水量不超过 30%。加水过多不易成膜,并且过量的水分对现场调色会产生更大的影响。

（5）旧墙面的涂料层要铲干净,并重新刮腻子打磨。因为旧墙面可能会有油污等污染现象,影响乳胶漆施工质量,此外旧墙面还会出现返碱现象,使乳胶漆表面颜色不匀。为保证乳胶漆的涂刷质量,防止因返碱而造成颜色不匀、粉化现象,在涂刷面漆前,应先涂刷抗碱底漆一遍。

（6）乳胶漆涂刷时,两遍之间间隔的时间一般为 4 小时以上,前一遍乳胶漆没有充分干燥,不能涂刷下一遍。如果前一遍乳胶漆涂膜没干燥,后刷的乳胶漆会将前一遍的乳胶漆带起,出现咬色现象,致使乳胶漆颜色不匀。

（7）应按正确的施工工艺进行操作。辊涂操作时一定要按施工顺序从房间一边向另一边涂刷,推辊一次不能蘸取过多乳胶漆,涂刷应均匀,不能漏辊。

3. 内墙乳胶漆施工的质量控制点

（1）基层清理,铲除旧墙皮。

（2）刮腻子,打磨平整度。

（3）涂刷遍数。

（4）时间间隔。

（5）色差、颜色不匀、接茬的控制。

案例4 铝塑板饰面不平整、鼓泡、脱胶

一、背景资料

某小型超市对其店面进行装修改造,外墙立面及门头招牌部位采用铝塑板饰面,施工顺序为:外墙面安装骨架→安装基层板→铝塑板贴面。为了争取尽快营业,超市方要求施工方 7 天内完工。

完工三个月后,外墙及门头部位多处出现不平整、鼓泡、脱胶现象。

二、问题

（1）分析本案例中产生质量问题的原因。

（2）针对本案例产生的质量问题,提出预防及处理措施。

（3）铝塑板饰面施工中如何确定质量控制点?

三、原因分析及预防控制

根据本案例中外墙及门头部位多处出现不平整、鼓泡、脱胶现象进行了原因分析,并提出了预防、处理措施。

1. 外墙及门头部位出现不平整、鼓泡、脱胶现象的原因

(1) 本案例室外墙面采用铝塑板饰面的施工工艺欠妥。

(2) 本案例中的基层板可能采用了木质板材或其他不耐水的材料,这时防水密封是主要的技术环节,如果铝塑板的接缝没有进行防水密封或防水密封失效,或者门头上部的防水没有做好,都有可能导致基层渗水。由于木材受潮变形或其他不耐水材料受潮吸水后导致基层板变形,并且铝塑板与基层板之间由于有水分存在,再受太阳照射后,温度升高,水分变成气体,气体的膨胀导致面板不平、鼓泡、脱胶,可能是本案例问题的主要原因所在。

(3) 铝塑板或胶黏剂的质量不合格。

(4) 铝塑板粘贴时操作方法不正确。

(5) 铝塑板接缝处留缝不够而导致膨胀变形。

2. 预防及处理措施

(1) 针对室外墙面铝塑板饰面,应采用无基层板的干挂法工艺或辅助干挂法施工工艺,即将铝塑板用耐候硅酮结构胶粘贴在金属骨架上。为加快施工速度,可同时使用双面胶条进行辅助粘贴。这样的做法不会受水的影响,但必须使用幕墙专用铝塑板,成本较高。

(2) 如果为降低成本,采用基层板的粘贴法,必须做好防水防潮处理。本案例中的基层板可能采用了木质板材或其他不耐水的材料,这时防水密封是主要的技术环节,铝塑板的接缝必须进行防水密封处理(应采用优质耐候硅酮密封胶进行封缝处理),门头上部也必须做防水,防止雨水渗入基层板或基层板与铝塑板之间。

(3) 铝塑板应采用优质的外墙专用铝塑板,胶黏剂应选用耐候硅酮结构胶,不宜使用装修万能胶,因为装修万能胶不防水,并且在干燥固化过程中溶剂会挥发变成气体,涂胶后如果没有充分晾置就粘贴,会使大量溶剂无法挥发出来,当受阳光照射时,气体膨胀使铝塑板鼓泡、脱胶。

(4) 粘贴铝塑板应使用耐候硅酮结构胶,先在基层或骨架的适当位置贴上专用泡沫胶条,再在胶条两侧沿胶条长度方向涂胶,胶层的厚度应超过泡沫胶条厚度 2 mm 以上。把裁切好的铝塑板对齐位置后,轻压铝塑板表面(从铝塑板的一侧向另一侧),将其粘在泡沫条上。结构胶 24 小时后方可固化达到粘贴强度。

(5) 铝塑板不宜整张使用,而应切割成小块再进行粘贴,块与块之间应留 3~5 mm 的膨胀缝,接缝处用硅酮密封胶进行密封。

3. 外墙铝塑板饰面施工的质量控制点

(1) 骨架安装。

(2) 骨架表面的平整度。

(3) 铝塑板及胶黏剂的质量。

(4) 铝塑板的干挂或粘贴方法。

(5) 铝塑板的留缝。

(6) 防水处理。

案例 5　内墙砖颜色深浅不一、空鼓、脱落、开裂

一、背景资料

某住宅的卫生间及厨房墙面内墙砖镶贴工程,先包立管(为了美观、静音要求及方便镶贴内墙砖,将厨房或卫生间的下水管道用板材或其他材料围成方柱状),采用木龙骨外贴水泥压力板的施工工艺。再镶贴内墙砖,内墙砖的颜色为白色,规格为 300 mm×450 mm×8 mm,采用水泥浆粘贴工艺自下而上、先大面后局部进行施工。最后进行门窗洞口及包立管等处的阳角收口(阳角收口采用 45°磨边对缝工艺)。

验收时发现以下问题:

(1)内墙砖多处颜色深浅不一致。

(2)出现多处空鼓现象,包立管及门窗洞口阳角等处空鼓最严重。

(3)有多处阳角出现空鼓、开裂。

二、问题

(1)分析本案例中内墙砖颜色深浅不一致质量问题产生的原因。

(2)分析本案例中内墙砖空鼓质量问题产生的原因。

(3)分析本案例中阳角处产生空鼓开裂的原因。

(4)针对本案例产生的质量问题,提出预防及处理措施。

(5)内墙砖镶贴施工中如何确定质量控制点?

三、原因分析及预防控制

1. 内墙砖颜色深浅不一致产生的原因及分析

内墙砖颜色深浅不一致的原因有:

(1)内墙砖的质量不合格,色差较大。

(2)内墙砖镶贴前没有浸水或浸水时间不够,也可能是因为用不干净的水浸泡内墙砖。

由于内墙砖表面的釉层虽然是白色的,但其遮盖力并不是很强,有一定的透明性,内墙砖的吸水率较大,如果用带有颜色的脏水浸泡,颜色会被砖体吸收并到达釉面底部,内墙砖颜色就会变深。

同样内墙砖也会吸收水泥中的颜色,使内墙砖颜色变深。如果内墙砖施工前充分浸水,那么其砖体就会均匀地吸收水泥中的颜色,使所有的内墙砖都能保持同样的颜色深度;如果内墙砖施工前没有浸水或浸水不充分,那么水泥中的颜色就会不均匀地在砖体中分散,使内墙砖不能保持颜色深浅一致。

因此,内墙砖施工前必须充分浸水,这样做不但能保持内墙砖颜色的深浅一致,同时能保证粘贴得更牢固,不易空鼓。

（3）对不平整的局部墙面或立管等处进行抹灰施工后没有充分干燥就开始镶贴内墙砖。

墙面其他部位的内墙已经干燥，而抹灰部位基层没有干燥从而影响到此处内墙砖的干燥进程，造成抹灰交界处或抹灰的周边形成水渍或黑边。

2. 内墙砖空鼓质量问题产生的原因

（1）水泥质量不合格。

（2）墙面没有事先浇水润湿。

（3）施工前釉面砖没有浸水或浸水时间不够。

（4）工人操作不当，如水泥浆过稀或过稠、水泥浆（膏）没有打满、内墙砖上墙后没有振实。

（5）对不平整的局部墙面或立管等处进行水泥抹灰施工后，没有充分干燥就开始镶贴内墙砖，抹灰层的水泥砂浆干缩引起空鼓或开裂。

（6）原有的墙面可能较光滑，而施工前没有采取针对性的基层毛化处理。

（7）镶贴后没有关门窗，过度通风致使水泥浆干燥过快而引起空鼓。

3. 阳角处产生空鼓开裂的原因

（1）阳角处灰膏过厚，导致收缩过大引起空鼓、开裂。

（2）抹灰时阳角没有挂钢丝网，导致灰膏收缩不均匀引起开裂。

（3）木龙骨受潮变形引起表面内墙砖的空鼓、开裂。

（4）立管包好后，表面没有抹灰或抹灰厚度过薄，就开始贴内墙砖。

4. 预防及控制措施

（1）使用合格的水泥，可选用强度等级为 42.5 的普通水泥或 32.5 的矿渣水泥或复合水泥。水泥强度等级过高，则收缩率较大，易开裂或空鼓。

（2）包立管项目应在内墙砖施工的 2 周之前进行，应使用砌块砌筑，然后进行抹灰表面拉毛，阳角处应挂钢丝网。

（3）基层处理要认真，表面有油污的地方应用清洗剂清洗干净，光滑的表面应进行毛化处理（可采用界面剂来处理）。

（4）选用合格的内墙砖，认真对照产品的批号和色号。在使用前，应开箱认真挑选，将色差较大的挑出不用。用清水浸泡 2 小时以上，取出阴干表面水分备用。

（5）镶贴前 30 分钟左右，在墙面上应喷水或用界面剂涂刷墙面，防止空鼓。

（6）灰膏稠度应合适，加水量不能过多，以灰膏能在内墙砖背面均应涂抹为宜，灰膏过稀则会产生较大的收缩，易产生空鼓和开裂。

（7）应由熟练、有经验的工人进行施工操作。

（8）镶贴后应及时关闭门窗，防止因过度通风引起空鼓。

5. 内墙砖镶贴施工中的质量控制点

（1）水泥和内墙砖的质量。

（2）镶贴前的准备（测量复核墙柱面偏差、局部抹灰找平、包立管的处理、内墙砖的浸水、墙面基层处理、灰膏配置稠度）。

（3）内墙砖排样。

（4）预防空鼓、裂缝、对缝不齐、不平整、黑边、颜色不均匀。

案例 6　石材地面颜色不匀、泛碱

一、背景资料

某公司办公楼装饰工程,大厅地面和走廊全部铺贴 600 mm×600 mm 芝麻灰花岗石,工程量 500 m²,采用水泥砂浆粘贴工艺。验收时发现地面出现大面积返碱、颜色不匀现象。

二、问题

（1）分析本案例中质量问题产生的原因。

（2）针对本案例中产生的质量问题,提出预防及处理措施。

（3）天然石材地面装饰施工中如何确定质量控制点?

三、原因分析及预防控制

1. 石材地面出现返碱、颜色不匀现象的原因

（1）花岗石的吸水率偏大,导致部分石材施工过程中表面受污染。

（2）花岗石的色差偏大,施工时没有经过认真试拼和试排。

（3）花岗石没有做防碱背涂处理。

2. 预防和处理措施

针对本案例中产生的质量问题,提出预防及处理措施如下:

（1）对花岗石要严格进行进场验收,表面和外观质量、尺寸偏差应符合要求,吸水率不允许超过 1%。

（2）施工前应经过认真试拼和试排,将色差较大的剔除。天然石材有轻微的色差是正常现象,但试排过程中应对板材的色差进行由深到浅的均匀过渡并编号,施工时按试排的方向和编号进行铺装,这样能有效地消除人们视觉上的色差。

（3）施工前对花岗石板材做防碱背涂处理或购买已经做好防碱背涂处理的石材。

（4）要对铺好的地面进行保护,防止表面受污染。

3. 天然石材地面装饰施工的质量控制点

（1）石材的质量（吸水率、外观质量、尺寸偏差、色差）和水泥的质量。

（2）石材的防碱背涂处理。

（3）试排和编号。

（4）平整度、空鼓、接缝高低差、对缝不齐等质量问题的预防。

（5）现场保护和养护。

案例 7　地板砖表面不平整、空鼓

一、背景资料

某单位办公楼装修,1~5 楼的大厅和走廊全部铺贴 800 mm×800 mm 高级抛光地板砖,工程量 800 m²,采用水泥砂浆粘贴工艺。验收时发现下列问题:

(1) 1~5 楼走廊地板砖出现多处边角局部空鼓现象,空鼓的数量不超过总数的 5%;

(2) 一楼大厅地板砖除有严重的空鼓现象外,并有多处地板砖接缝高低差超过 1 mm。

二、问题

(1) 分析本案例中地板砖出现空鼓的原因,并提出预防措施。

(2) 分析本案例中地板砖表面不平整、接缝高低差偏大的原因,并提出预防措施。

(3) 根据《建筑地面工程施工质量验收规范》的要求,走廊的地板砖按施工质量是否合格?

(4) 根据《建筑地面工程施工质量验收规范》的要求,一楼大厅地板砖的施工质量是否合格?

(5) 地板砖镶贴施工中如何确定质量控制点?

三、原因分析及预防控制

1. 地板砖表面出现空鼓的原因及预防措施

(1) 地板砖出现空鼓的原因分析如下:

① 走廊地板砖只出现局部轻微空鼓现象,而一楼大厅地板砖出现较严重的空鼓现象,很可能是因为在施工过程中没有做好现场保护,有人在铺装好的地面上随意走动造成的,因为一楼大厅是人员行走最频繁的地方。

② 垫层水泥砂浆没有采用干硬性水泥砂浆,砂浆含水过多,多余水分蒸发后水泥砂浆收缩导致空鼓。

③ 垫层砂浆过薄,影响与地面基层的黏结,造成空鼓。

④ 砂没有过筛,致使砂中的大颗粒物质或石子混入砂浆,使地板砖有局部应力支撑,不能充分振实而引起空鼓。

⑤ 在铺垫层砂浆前,没有及时在基层上刷涂素水泥浆,影响了与基层的黏结效果。

⑥ 工人操作存在问题,如灰膏过稠或过稀、灰膏没打满、铺贴后没有振实等。

⑦ 铺贴后的地板砖养护不到位或养护期间上人走动。

(2) 对地板砖空鼓的预防措施主要有以下方面:

① 选用合格的水泥,可选用强度等级为 42.5 的普通水泥或 32.5 的矿渣水泥或复合水泥。砂要过 10 mm 筛,防止大颗粒混入砂浆。

② 垫层水泥砂浆要采用 1∶(3~4)的干硬性水泥砂浆,厚度一般不能小于 25 mm。铺垫层

砂浆前,应在基层上随铺随刷一道素水泥浆,以增加与基层的结合力。

③ 如果在冬季施工,现场温度应不得低于 5 ℃。

④ 要由技术熟练有经验的工人操作。

⑤ 做好现场保护,避免人员在铺装好的地面上走动。

⑥ 铺贴后的地板砖要适当喷水养护 5~7 天,养护期间不能上人,并关闭门窗,防止因过度通风干燥过快引起空鼓。

2. 地板砖表面不平整、接缝高低差偏大的原因及预防措施

(1)地板砖表面不平整、接缝高低差偏大的原因分析如下:

① 一楼大厅地面出现接缝高低差偏大的现象,很可能是因为在施工过程中没有做好现场保护,有人在铺装好的地面上随意走动造成的,因为一楼大厅是人员行走最频繁的地方。

② 地板砖的质量有问题(平整度偏差较大)。

③ 工人操作存在问题,如超平不准确,正式铺贴前没有先进行试铺,灰膏没有打均匀,没有按地板砖背面的箭头方向铺装,地板砖没有充分振实,铺装过程中没有及时检查平整度等。

④ 由于一楼大厅面积较大,要采用分段施工,工作面的交界(接茬)处的收缩不同步造成交界处产生高低差。

(2)对地板砖表面不平整、接缝高低差偏大的预防措施主要有以下方面:

① 在施工过程中做好现场保护,防止人员在已装好的地面上走动。

② 对地板砖进行进场验收,不合格的地板砖不准进场。

③ 施工中必须注意下列问题:抄平要准确;正式铺贴前必须先进行试铺(在铺好垫层后,地板砖背面不抹灰膏,将地板砖按背面箭头的方向铺设 3~5 块,并用橡皮锤振实振平,然后再将地板砖按顺序揭开,按方向排好,准备抹灰膏正式铺设);灰膏要打均匀;地板砖铺设时要按背面的箭头方向铺装;地板砖铺装时要充分振实,并每铺好 3~5 块后用靠尺和水平尺认真检查平整度。

④ 由于一楼大厅面积较大,当采用分段施工时,工作面的交界(干湿接茬处)要注意先铺好的地板砖由于已经完成了干燥收缩,而后铺的地板砖还没有完成干燥收缩,因此后铺的地板砖应在接茬处留出比先铺的地板砖高约 0.5 mm 的收缩余量,这样等所有的地板砖都充分干燥后的表面才处于同一水平面上。

3. 施工质量验收结果

(1)本案例中根据《建筑地面工程施工质量验收规范》的要求,走廊的地板砖的施工质量合格,因为规范规定:凡单块砖边角有局部空鼓,且每自然间(标准间)不超过总数 5% 的可不计。

(2)根据《建筑地面工程施工质量验收规范》的要求,一楼大厅地板砖的施工质量不合格,因为一楼大厅地板砖除有严重的空鼓现象外,并有多处地板砖接缝高低差超过 1 mm。接缝高低差超出了规范规定的 0.5 mm。

4. 地板砖镶贴施工的质量控制点

(1)水泥、地板砖等材料的进场验收。

(2)抄平、基层处理。

(3)排样、试铺、砂浆和灰膏的配合比。

(4)空鼓、接缝高低差、对缝不齐、表面不平整等质量问题的预防。

(5)现场保护和养护。

案例 8   木地板表面不平整、色差大、接缝不匀、松动

一、背景资料

某住宅装修,客厅及卧室地面采用硬木免漆地板,铺装工艺采用先在地面上固定木龙骨,再将木地板固定在木龙骨上的实铺法工艺,工程量 85 m²。

工程结束后顺利通过验收。装修后,业主一直没有入住,一年后发现木地板发生翘曲变形及板缝宽窄不一的情况,并有多处木地板产生开裂现象。

二、问题

(1)分析本案例中产生质量问题的原因。

(2)针对本案例中产生的问题提出预防措施。

(3)木地板地面施工中如何确定质量控制点?

三、原因分析及预防控制

1. 发生翘曲变形及板缝宽窄不一,并有开裂现象的原因

(1)本案例中住宅长期不住人,室内太干燥,可能是地板干缩变形、开裂的主要原因。

(2)木地板本身存在的质量问题(木地板出厂的含水率过高或材质较差,如大量使用木料的边材、背面没有加工卸力槽、烘干不到位、没有做六面油漆仅仅表面涂漆、没有经过养护处理等),随着时间的推移,含水率逐渐降低引起木材的干缩开裂。

(3)施工时的天气较潮湿或地面潮湿,导致木地板膨胀,随后室内干燥收缩严重,导致变形。

(4)施工时没有留伸缩缝或留缝不够。

2. 预防措施

(1)铺装木地板的地面要及时进行维护,保持室内湿度的稳定,避免住宅长期不住人,室内太干燥,引起地板干缩变形、开裂。

(2)购买合格的硬木免漆地板。

(3)阴雨天气暂停施工,施工前应将地板包装打开,使木地板充分适应现场的湿度,防止因湿度变化导致变形。

(4)施工时应在特定的部位留伸缩缝:四周靠墙部位要有 8~10 mm 的伸缩缝并用踢脚板收口;所有的门口线部位的地板及龙骨应断开并留伸缩缝,伸缩缝表面加过渡条收口;单间的长度或宽度超过 8 m 时,应设伸缩缝并用过渡条收口。

3. 木地板地面施工的质量控制点

(1)木地板的质量(材质、含水率、外观质量、尺寸偏差、色差和纹理);木龙骨的质量(含水率、龙骨规格和尺寸偏差、龙骨的防腐处理)。

(2)施工现场湿度。

（3）抄平、试排。

（4）留伸缩缝。

（5）平整度、接缝高低差、对缝不齐、地板松动、色差大、纹理不协调、变形、翘曲、开裂等质量问题的预防。

（6）现场保护。

案例 9 卫生间渗漏

一、背景资料

某小区 10 号楼四楼一住户对其住宅进行装修改造，住宅为 6 层砖混结构，建筑面积为 87 m²。卫生间进行如下改造：铲除墙面原有的内墙砖和地板砖，重新镶贴新型陶瓷内墙砖（300 mm×450 mm）和地板砖（300 mm×300 mm）；将原有的明装上水管改造成入墙式 PPR 暗管；更换原有的地漏和马桶。

工程竣工验收时发现以下问题：

（1）卫生间墙面出现渗水现象。

（2）卫生间地面出现排水不畅、倒泛水现象。

（3）楼下卫生间顶棚渗漏。

二、问题

（1）分析本案例中卫生间墙面出现渗水现象的原因并提出预防措施。

（2）分析本案例中卫生间地面出现排水不畅、倒泛水现象的原因，并提出预防措施。

（3）分析本案例中造成的楼下卫生间顶棚渗漏的原因，提出预防措施。

（4）卫生间防水施工的质量控制点如何确定？

三、原因分析及预防控制

针对本案例中卫生间墙面渗水和地面排水不畅、倒泛水以及顶棚渗漏现象进行了原因分析和预防措施。

1. 卫生间墙面出现渗水现象的原因及预防措施

（1）卫生间墙面出现渗水现象的原因如下：

① 旧墙砖铲除时，原有的墙面防水层受到了破坏，没有重新做防水层。

② 暗装的管道可能没有焊接好。

③ 水龙头、三角阀等管道出墙的螺丝口部位接口不够严密或没有拧紧，出现漏水。

④ 内墙砖镶贴后没有勾缝或勾缝处理不当。

（2）预防措施如下：

① 旧墙砖铲除时，要重新做防水层，再镶贴内墙砖。防水层从地面做起，并从地面延伸到墙

面上至少 100 mm 的高度,卫生间有淋浴部位的防水层高度至少为 1 800 mm。

② 暗装的管道焊接好后一定要先试压合格后再进行封闭。

③ 水龙头、三角阀等管道出墙的螺丝口接口部位安装水龙头、冷热水混合器、三角阀时应用生胶带缠实拧紧,防止接口处出现漏水。

④ 内墙砖镶贴要及时进行勾缝处理,一则为美观,二则防止花洒等流出的水渗入墙内。

2. 卫生间地面出现排水不畅、倒泛水现象的原因及预防措施

(1) 卫生间地面出现排水不畅、倒泛水现象产生的原因如下:

① 地面铺装前,没有认真找平和找坡。

② 地漏质量有问题,或地漏处的下水口在施工工程中被水泥砂浆等堵塞,造成排水不畅。

(2) 采取的预防措施有:

① 地面铺装前,要认真找平和找坡。地漏处是整个卫生间地面标高最低的位置,指向地漏的地面坡度宜为 2%。

② 施工前应将地漏及排水管口临时封闭,避免因操作不慎造成下水管堵塞。

③ 地面养护好以后,应检查地漏安装质量,应保证地漏排水顺畅。

④ 施工或养护过程中,禁止人员在卫生间已铺好的地面上走动,防止造成地板砖平整度及坡度受到破坏。

3. 造成楼下卫生间顶棚渗漏的原因及预防措施

(1) 楼下卫生间顶棚渗漏的原因如下:

① 楼下渗水现象可能是该业主家装修中卫生间地面排水不畅所致,由于水不能及时排出,长期渗透导致楼下渗水。

② 旧地板砖铲除时,原有的地面防水层受到了破坏,没有重新做防水层或重做的防水层质量不合格。

③ 马桶或地漏下水口部位防水失效导致渗漏。

④ 埋入墙内的暗管漏水导致水从墙体渗透入楼下顶棚。

(2) 采取的预防措施有:

① 旧地板砖铲除后,一定要重新做防水层,按施工质量规范要求进行施工,如果采用刷防水涂料的工艺,则应先在管道根被、下水口等部位涂刷至少一道防水涂料再进行整体涂刷,并且要延伸到墙面规定的高度。防水做好后,要进行两次闭水试验:封闭下水口,在地面上浇水至少高出地面 20 mm 以上,24 小时后,到楼下观察是否漏水渗水。两次试验都应合格。

② 施工中认真做好抄平、找坡,使卫生间地面排水顺畅。

③ 确保埋入墙内的暗管不漏水,暗管焊接好后一定要先试压合格后再进行封装。

4. 卫生间施工的质量控制点

(1) 防水施工、闭水试验。

(2) 管道试压。

(3) 地面抄平、找坡。

(4) 内墙砖、地板砖镶贴的平整度、拼缝、空鼓等通病预防。

(5) 卫生洁具等安装。

案例 10 壁纸鼓泡、亏缝、皱褶、翘边

一、背景资料

某酒店客房楼装修,墙面贴高级塑料壁纸,验收时发现第 8～10 层多个房间出现壁纸亏缝、皱褶、翘边等质量问题。

二、问题

（1）分析本案例中质量问题产生的原因并提出预防措施。

（2）壁纸施工的质量控制点如何确定?

三、原因分析及预防控制

1. 墙面壁纸工程主要原因

（1）基层使用的腻子强度低或腻子没有干透即开始贴壁纸,造成粘贴不牢。

（2）壁纸粘贴前没有浸水使壁纸充分膨胀,粘贴后壁纸吸水膨胀造成鼓泡或翘边等问题。

（3）刷胶厚薄不一致,辊压不均匀,造成褶皱、鼓泡情况。

（4）壁纸搭接及拼缝处理不当。

2. 预防措施

（1）贴壁纸前应对墙面基层用腻子找平,保证墙面平整,并且不起灰,基层牢固。

（2）裁壁纸时应搭设专用的裁纸平台,采用铝尺等专用工具。

（3）裱糊过程中应按照施工规程进行操作,必须润纸的应提前进行,保证质量;刷胶要厚薄一致,辊压均匀。

（4）施工时应注意表面平整,因此先要检查基层的平整度。接缝一般要求在阴角处,接缝要直。

3. 壁纸施工的质量控制点

（1）防止基层起砂、空鼓、裂缝等问题。

（2）防止壁纸裁切不准确、不直。

（3）防止壁纸裱糊出现气泡、皱褶、翘边、脱落、死塌等缺陷。

（4）防止壁纸表面不平,不干净,接缝不直,接缝位置不合理。

装饰工程质量资料

单元概述

本单元主要包括以下两个任务：施工单位质量资料；装饰工程检验批检查及验收质量文件。

单元目标

1. 知识目标

熟悉质量文件的分类和有关要求。

2. 专业能力目标

会进行装饰装修工程质量文件搜集和整理，会填写相关质量记录表格。

3. 专业素养目标

树立高度的责任心，严谨求实、认真记录、如实记录。

任务1　施工单位质量资料

施工单位质量资料主要包括施工现场管理资料、施工技术资料、材料质量资料、施工检查记录、现场试验记录、隐蔽工程报验申请表及检查验收记录、施工质量验收记录及报验申请表等。

一、施工现场管理资料

施工现场管理资料包括开工报告、工程开工报审表、施工现场质量管理检查记录、安全施工组织设计方案、安全文明施工方案、安全事故应急方案、临时供电方案、专业承包单位资质证书及相关人员岗位证书、施工日志、工程质量事故报告等。

1. 开工报告

表6-1为开工报告(样表)。

表6-1　开工报告(样表)

工程名称	郑州市××医院建设工程室内装饰工程 医技楼内装	建筑面积	35 000 m²
建设单位	郑州市××医院	结构类型	框架结构
设计单位	河南省××设计研究院有限公司	层数	地下一层、地上四层
监理单位	××工程建设监理公司	计划开工日期	2013年3月10日
施工单位	深圳市××建设集团股份有限公司	实际开工日期	2013年4月1日
工程 简要 说明	1. 本项目为郑州市××医院建设工程室内装饰工程第二标段医技楼内装; 2. 项目地点:郑州市××区××路××号		

施工单位(签章):

　　　　　　　　　　　　　　　　　　　　　　　　项目经理:

　　　　　　　　　　　　　　　　　　　　　　　　日　　期:

监理单位(签章):

　　　　　　　　　　　　　　　　　　　　　　　　总监理工程师:

　　　　　　　　　　　　　　　　　　　　　　　　日　　期:

建设单位(签章):

　　　　　　　　　　　　　　　　　　　　　　　　驻地代表:

　　　　　　　　　　　　　　　　　　　　　　　　日　　期:

　　　　　　　　　　　　　　　　　郑州市重点建设工程质量监督站监制

2. 工程开工报审表

表 6-2 为工程开工报审表(样表)。

表 6-2　工程开工报审表(样表)

工程名称	郑州市××医院建设工程室内装饰工程医技楼内装	施工编号	/
		监理编号	/
		日　期	年　月　日

致:××工程建设监理公司

　　我方承担的郑州市××医院建设工程室内装饰工程第二标段医技楼内装工程,已完成了以下各项工作,具备了开工条件,特此申请施工,请核查并签发开工指令。

附件:1. 开工报告
2. 施工现场质量管理检查记录

审查意见:

承包单位(章):
项目经理:

监理单位:
总监理工程师:
日　期:

3. 施工现场质量管理检查记录

表 6-3 为施工现场质量管理检查记录(样表)

表 6-3　施工现场质量管理检查记录(样表)

开工日期:2013 年 4 月 1 日

工程名称	郑州市××医院建设工程室内装饰工程医技楼内装			开工报告(施工许可证)	
建设单位	郑州市××医院			项目负责人	×××
设计单位	河南省××设计研究院有限公司			项目负责人	×××
监理单位	××工程建设监理公司			总监理工程师	×××
施工单位	深圳市××建设集团股份有限公司	项目经理	×××	项目技术负责人	×××
序号	项　目			内　容	
1	现场质量管理制度			已制订评比奖罚制度、质量安全例会制度、交接检制度	
2	质量责任制			已制订管理人员岗位责任制、质量奖罚制度、交底制度	
3	主要专业工种操作上岗证书			装饰装修工、材料试验工、电焊工、电工、油漆工	
4	分包方资质与对分包单位的管理制度			/	
5	施工图审查情况				
6	地质勘查情况			/	
7	施工组织设计、施工方案及审批			施工组织设计已审批	
8	施工技术标准			各施工技术标准均齐全	
9	工程质量检验制度			已制订工程质量检查制度、抽检项目检测制度、施工检验制度、原材检验制度	
10	搅拌站及计量设置			已制订计量设备精确度控制措施	
11	现场材料、设备存放与管理			已制订现场材料、设备存放与管理制度、措施	

检查结论:

总监理工程师

(建设单位项目负责人):　　　　　　　　　　　　　　　　　年　　月　　日

4. 安全施工组织设计方案

如图 6-1 所示为某装饰工程安全施工组织设计方案样本的封面及目录。

郑州市××医院建设工程
室内装饰工程第二标段

安 全 施 工 组 织 设 计

编制单位：深圳市××建设集团股份有限公司
审　批：
编　制：
编制日期：　　　年　月　日

图 6-1　某装饰工程安全施工组织设计方案(样本封面及目录)

5. 安全文明施工方案

如图 6-2 所示为某装饰工程安全文明施工方案样本的封面及目录。

郑州市××医院建设工程
室内装饰工程第二标段

安 全 文 明 施 工 方 案

编制单位：深圳市××建设集团股份有限公司
审　批：
编　制：
编制日期：　　　年　月　日

图 6-2　某装饰工程安全文明施工方案(样本封面及目录)

6. 安全事故应急方案

如图 6-3 所示为某装饰工程安全事故应急方案样本的封面及目录。

郑州市××医院建设工程

室内装饰工程第二标段

安全事故应急方案

编制单位：深圳市××建设集团股份有限公司

审　批：

编　制：

编制日期：　　　年　月　日

图 6-3　某装饰工程安全事故应急方案（样本封面及目录）

7. 临时供电方案

如图 6-4 所示为某装饰工程临时供电方案样本的封面及目录。

郑州市××医院建设工程

室内装饰工程第二标段

临 时 供 电 方 案

编制单位：深圳市××建设集团股份有限公司

审　批：

编　制：

编制日期：　　　年　月　日

图 6-4　某装饰工程临时供电方案（样本封面及目录）

8. 专业承包单位资质证书及相关专业人员岗位证书

（略。）

9. 施工日志

施工日志（图6-5、图6-6）由施工员负责填写，是施工生产过程的重要原始记录。施工日志是施工员记录的每天施工情况，包括以下内容：每天的天气情况；工作内容；班组及人员情况；施工进度情况；材料、机械设备使用情况；施工范围、数量、取样、试验情况、安全情况；质量情况，是否有隐蔽验收，施工用水、用电的准备情况；当日施工项目有无变更，设计单位在现场解决问题的记录；施工中特殊情况（施工干扰、待料、停水、停电等）和其他原因的影响造成停工（应写明中断施工的起止时间）；安全教育及自检的记录内容等。

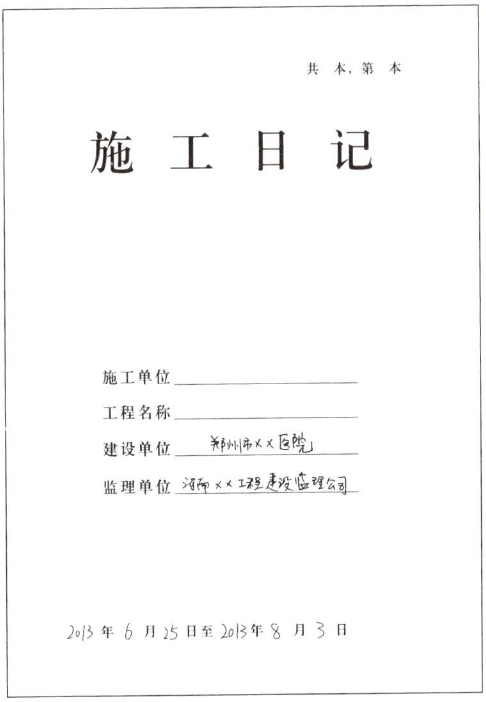

共　本，第　本

施工日记

施工单位＿＿＿＿＿＿

工程名称＿＿＿＿＿＿

建设单位　郑州市××医院

监理单位　河南××工程建设监理公司

2013年6月25日至2013年8月3日

图6-5　施工日志封面

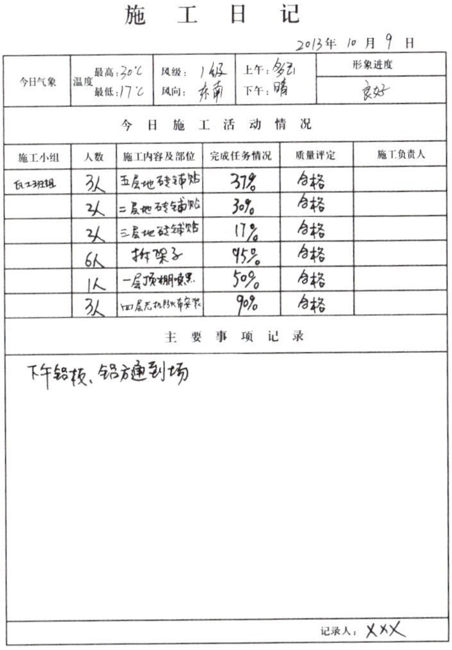

施工日记

2013年10月9日

今日气象	温度 最高：30℃ 最低：17℃	风级：1级 风向：东南	上午：多云 下午：晴	形象进度：良好	
今日施工活动情况					
施工小组	人数	施工内容及部位	完成任务情况	质量评定	施工负责人
瓦工班组	3人	五层地砖铺贴	37%	合格	
	2人	二层地砖铺贴	30%	合格	
	2人	三层地砖铺贴	17%	合格	
	6人	拆架子	45%	合格	
	1人	一层顶棚喷浆	50%	合格	
	3人	四层无机保温施工	90%	合格	

主要事项记录

下午铝板、铝方通到场

记录人：×××

图6-6　施工日志内容

10. 工程质量事故报告

表6-4为某建设工程质量事故报告书。

表6-4　工程质量事故报告

鲁JJ-067

工程名称		监督注册编号	
建设单位		施工单位	
设计单位		建筑面积/结构类型	
工程地址		事故类型	
事故发生时间及部位			

续表

经济损失		死亡人数	
事故情况及 主要原因			
采取的措施及 事故控制情况			
备注			

施工企业(项目)负责人：_____   报告人_____   报告日期_____

注：按照国家建设行政主管部门规定上报,各保存一份。

山东省建设工程质量监督总站监制

二、施工技术资料

施工技术资料包括图纸会审记录、技术交底记录、设计变更文件、工程洽商记录、施工组织设计、施工方案等。

三、材料质量资料

1. 主要材料的出厂质量证明文件

（1）产品合格证书。如图 6-7 所示为某品牌釉面砖产品质量合格证书。

（2）同批次的产品性能检测报告。如图 6-8 所示为某品牌自黏防水卷材某批次的质量检验报告。

图 6-7 釉面砖产品质量合格证书

2. 主要材料的进场验收记录

材料进场验收记录(样表见表 6-5)主要包括以下内容：

（1）材料的产品合格证书、同批次的产品性能检测报告。

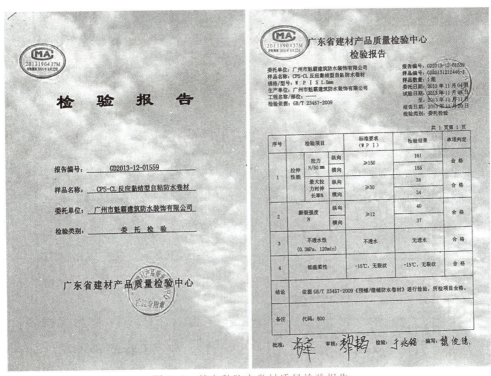

图 6-8 某自黏防水卷材质量检验报告

（2）对材料品种、规格、型号、颜色、性能、数量等的检查情况。

（3）对材料外观质量的抽样检查结果（如对铝塑板进行外观检查，查看其有无色差、颜色不匀、鼓泡、划伤、棱角损伤等外观缺陷）。

（4）对材料尺寸偏差的测量结果（如对地板砖进行规格公差、平面度偏差、直角度偏差等测量）。

（5）对材料及产品性能现场抽样测试的结果（如对防火涂料进行现场阻燃试验）。

（6）对材料及产品的内部情况现场抽样测试的结果（如对细木工板现场切割后观察内部芯条的材质、芯条长宽度及拼缝情况）。

表 6-5 材料进场验收记录

工程名称	郑州市××医院建设工程室内装饰工程医技楼内装		
生产厂家	石家庄××板业有限公司	进场时间	2014.03.06
材料名称	纤维增强硅酸钙板（温石棉）	规格型号	2 440 mm×1 220 mm×8 mm
合格证编号	2012-1342	代表批量	900 张
出厂检验报告号	2010002856Z	复试报告编号	
使用部位	医技楼负一层中心供应及三层 ICU	抽查方法及数量	
检查内容	施工单位自检情况		监理（建设）单位验收记录
材料名称	纤维增强硅酸钙板（温石棉）		

续表

材料规格尺寸	2 440 mm×1 220 mm×8 mm	
材料包装、外观质量	合格	
产品合格证书、中文说明书及性能检测报告	合格	
进口产品商品检验证明	/	
物理、力学性能检验情况	合格	
其他	/	
验收意见	符合要求	

施工单位(章)：

材料员：

质量员：

       年 月 日

监理单位(章)：

监理工程师：

       年 月 日

郑州市重点建设工程质量监督中心监制

3. 进场材料(设备)数量清单

进场材料(设备)数量清单样表见表 6-6。

表 6-6 进场材料(设备)数量清单

工程名称：郑州市××医院建设工程室内装饰工程医技楼内装

序号	名称	规格	单位	数量	产地
1	纤维增强硅酸钙板(温石棉)	2 440 mm×1 220 mm×8 mm	张	900	石家庄××板业有限公司
2					
3					
4					
5					

自检结果：

符合设计及规范要求

承包单位(章)：＿＿＿＿＿＿＿＿＿＿

质量员：＿＿＿＿＿＿＿＿＿＿

技术负责人：＿＿＿＿＿＿＿＿＿＿

       年 月 日

郑州市重点建设工程质量监督中心监制

4. 工程材料报验申请表

工程材料报验申请表样表见表 6-7。

表 6-7　工程材料报验申请表

工程名称:郑州市××医院建设工程室内装饰工程医技楼内装　　　　编号:

致:××工程建设监理公司　(监理单位)

我方于＿2014＿年＿3＿月＿6＿日进场的工程材料数量如下(见附件)。现将质量证明文件及自检结果报上,请安排复检,拟用于下述部位:

　医技楼负一层中心供应及三层

请予以审核。

附件:1. 进场材料(设备)数量清单

2. 质量证明文件

3. 自检结果(见材料进场验收记录)

承包单位(章):
项目经理:
日　　期:

审查意见:

项目监理机构:
总/专业监理工程师:
日　　期:

郑州市重点建设工程质量监督中心监制

5. 主要材料的复试试验报告(复验报告)

当材料的质量关系到安全、环保和主要使用功能时,应对材料的相关性能进行见证取样复试,要求将取样材料送到有资质的材料检测部门进行复验,并出具检测报告(称为复验报告)。如室内装饰工程应对人造板材的甲醛含量进行复试,但当装饰中用的很少的人造板材不足以造成室内环境甲醛释放量超标时,可以不进行甲醛含量复试。

四、施工检查记录

1. 预检记录

预检记录样表见表 6-8。

2. 自检、互检及交接检查记录

班组自检记录样表见表 6-9,工序交接检查记录见表 6-10。

3. 检验批施工检查记录

(略。)

表 6-8　预 检 记 录

工程名称		预检项目	
预检部位	二层地面	检查日期	

依据:施工图纸(施工图号_____)、设计变更/洽商(编号_____)和有关规范、规程。

主要材料或设备:_____地板砖、水泥、砂_____

规格型号:_____300 mm×300 mm 地板砖、32.5 级复合硅酸盐水泥_____

预检内容:

1. 地坪高差;

2. 基层的空鼓情况

检查意见:

符合施工条件

复查意见:

符合施工条件

　　　　　　　　　　　　　　复查人:　　　　　　　　复查日期:

施工单位		
项目(专业)技术负责人	项目专业质量员	项目专业工长(施工员)

本表由施工单位填写并保存

山东省建设工程质量监督总站监制

表 6-9　班组自检记录

工程名称			
自检部位		自检项目	地板砖铺装
操作日期		完成日期	

班组自检内容:

1. 空鼓;

2. 表面平整度;

3. 缝隙

班组自检意见:

符合设计要求及规范规定

复查意见:

符合设计要求及规范规定

　　　　　　　　　　　　　　复查人:　　　　　　　　复查日期:

自检人	班组长

本表由施工企业保存

山东省建设工程质量监督总站监制

表 6-10　工序交接检查记录

工程名称			
移交单位名称		接受单位名称	
交接部位		检查日期	

交接内容：
地板砖铺装的铺装质量

检查结果：
符合设计要求及规范规定

复查意见：
符合设计要求及规范规定

　　　　　　　　　　　　　复查人：　　　　　　复查日期：

见证单位意见：

见证单位名称	××市建设工程监理公司		
签字栏	移交单位	接收单位	见证单位

注：1. 本表由移交、接收和见证单位各存一份。

2. 见证单位应根据实际检查结果，并汇总移交和接收单位形成见证单位意见。

山东省建设工程质量监督总站监制

五、现场试验记录

现场试验记录应包括以下几方面的记录。

（1）装饰工程使用的砂浆和混凝土应有配合比通知单和强度试验报告。

（2）后置埋件应有现场拉拔试验记录。

（3）采用粘贴法施工的外墙饰面板、饰面砖样板件施工前必须进行黏结强度现场试验，并有现场试验记录。

（4）采用粘贴法施工的内墙石材、陶瓷砖施工前必须进行黏结强度现场试验，并应有黏结强度现场试验记录。

（5）幕墙用双组分硅酮结构胶施工前必须进行均匀性试验和拉断试验，并应有试验记录。

（6）卫生间防水施工后需进行两次闭水试验，并应有闭水试验记录。某工程防水闭水试验记录样表见表 6-11。卫生间闭水试验按规范规定需做两次，蓄水深度应不小于 20 mm，每次闭水试验时间为 24 小时，水面无明显下降为合格。蓄水试验的前期每 1 小时应到楼下检查一次，后期每 2~3 小时到楼下检查一次。若发现漏水情况，应立即停止蓄水试验，重新进行防水层完善处理，处理合格后再进行蓄水试验。

表 6-11　防水工程闭水试验记录

工程名称		测试部位	
施工单位	×××建筑公司	试验日期	年　月　日
第一次检验开始时间：_____年_____月_____日 验收时间：_____年_____月_____日 验收时间：　　共计_____小时 检验结果：　　合格□　　不合格□			
第二次检验开始时间：_____年_____月_____日 验收时间：_____年_____月_____日 验收时间：　　共计_____小时 检验结果：　　合格□　　不合格□			
项目专业质量(技术)负责人： 项目专业质量员：　　　　　　　　　　年　月　日			
监理工程师 (建设单位项目专业技术负责人)：　　　　年　月　日			

注：1. 四周墙面防水层卷起 250 mm。

2. 本表由现场负责人填写。

（7）给水管道施工后必须进行现场水压试验，并应有水压试验记录（表 6-12）。

（8）钢化玻璃的引爆试验记录。

国家标准规定，钢化玻璃进场，除检查材料产品合格证书、性能检测报告和玻璃上的 CCC 安全标识外，必须要做钢化玻璃引爆试验，观察爆破后的玻璃表面应产生均匀的网状裂纹，玻璃碎块应为均匀的钝角颗粒，碎块大小不得超过 70 mm。

表 6-12　室内给水管道水压试验记录

GB 50242—2002

工程名称	×××写字楼		分项工程名称		给水管道安装	
施工单位	×××建筑公司		专业工长/证号	试验日期	年　月　日	
试压泵生产厂	/		规格型号	/	试验介质	自来水
仪表检验证号			仪表编号及精度		有效日期	
试验内容	强度试验			严密性试验		
管段编号	工作压力/MPa	试验压力/MPa	试验持续时间	压力降/MPa	工作压力/MPa	试验情况
DN25-1	0.4	0.6	2 h	0.02	0.4	合格
DN25-2	0.4	0.6	2 h	0.01	0.4	合格
DN25-3	0.4	0.6	2 h	0.02	0.4	合格

续表

管段编号	工作压力/MPa	试验压力/MPa	试验持续时间	压力降/MPa	工作压力/MPa	试验情况
DN25-4	0.4	0.6	2 h	0.01	0.4	合格
DN25-5	0.4	0.6	1 h	0.02	0.4	合格
DN25-6	0.4	0.6	2 h	0.01	0.4	合格
施工单位检验评定结果	项目专业质量(技术)负责人： 项目专业质量员：　　　　年　月　日					
监理(建设)单位验收结论	监理工程师 (建设单位项目专业技术负责人)：　　年　月　日					

注：1. 室内给水管道的水压试验必须符合设计要求。当设计未注明时，各种材质的给水管道系统试验压力均为工作压力的1.5倍，但不得小于0.6 MPa。

2. 检验方法：

（1）金属及复合管给水管道系统在试验压力下观测10 min，压力降不应大于0.02 MPa，然后降到工作压力进行检查，应不渗不漏。

（2）塑料管给水系统应在试验压力下稳定1 h，压力降不得超过0.05 MPa，然后在工作压力的1.15倍状态下稳压2 h，压力降不得超过0.03 MPa，同时检查各连接处不得渗漏。

六、隐蔽工程报验申请表及检查验收记录

隐蔽工程报验申请表样表见表6-13、隐蔽工程检查验收记录样表见表6-14。

表6-13　隐蔽工程报验申请表

工程名称：郑州市××医院建设工程室内装饰工程医技楼内装　　　　编号：

致：××工程建设监理公司　（监理单位）

我单位已完成了医技楼一层医疗街大厅墙面石材干挂龙骨工程，现报上该工程报验申请表，请予以审查和验收。

附件：隐蔽工程检查验收记录

承包单位(章)：
项目经理：
日　期：

审查意见：

项目监理机构：
总/专业监理工程师：
日　期：

郑州市重点建设工程质量监督中心监制

表 6-14　隐蔽工程检查验收记录

工程名称:郑州市××医院建设工程室内装饰工程医技楼内装

隐蔽部位	医技楼一层医疗街大厅	图号	
隐蔽日期	2013.07.25	施工单位(章)	

隐蔽检查内容	医技楼一层医疗街大厅墙面石材干挂龙骨隐蔽情况检查				
监理 (建设) 单位验收结论	监理工程师: 　年　月　日(章)	材料试验情况	名称	出厂合格证编号	复试单号
			5#角钢		JC20131701003
			8#槽钢		JC20131701006
			焊条	890000086547	
			镀锌埋板	20120206098	
			化学螺栓	2012C00745	

施工单位项目技术负责人:　　　质量员:　　　施工员:

郑州市重点建设工程质量监督中心监制

七、施工质量验收记录及报验申请表

施工质量验收需具备以下验收记录、报验申请表:

(1)检验批质量验收记录、报验申请表。

(2)分项工程质量验收记录、报验申请表。

(3)分部工程质量验收记录、报验申请表。

任务 2　装饰工程检验批检查及验收质量文件

一、抹灰工程

（1）原材料产品合格证书、主要材料性能检测报告；

（2）材料进场验收记录；

（3）复验报告（水泥的安定性、凝结时间）；

（4）施工记录（砂浆配比、清理基层、抹灰层黏结、抹灰层总厚度检查等）；

（5）隐蔽工程检查验收记录（施工前对构造层验收）；

（6）其他应报或设计要求报送的资料（检验批质量验收记录、检验批报验申请表等）。

二、门窗工程

1. 木门窗制作与安装

（1）原材料或门窗产品合格证书、主要材料性能检测报告；

（2）材料进场验收记录（应检查材质，规格，数量，开启方式，外观质量，尺寸偏差，防火、防虫、防腐处理等）；

（3）材料的复验报告（人造板甲醛含量等）；

（4）施工记录；

（5）隐蔽工程检查验收记录（木砖预埋、防腐和固定点）；

（6）其他应报或设计要求报送的资料（检验批质量验收记录、检验批报验申请表等）。

2. 金属门窗、塑料门窗、特种门窗安装

（1）门窗产品合格证书、门窗性能试验报告；

（2）门窗进场验收记录（应检查门窗材质、规格、数量、开启方式、外观质量、尺寸偏差、金属门窗防锈处理等）；

（3）施工记录；

（4）隐蔽工程检查验收记录（预埋件位置、数量、埋设、连接方式、密封处理、嵌填、防锈）；

（5）其他应报或设计要求报送的资料（检验批质量验收记录、检验批报验申请表等）。

注：外窗应有气密性、水密性、耐风压检测报告。

3. 门窗玻璃安装

（1）玻璃产品合格证书、玻璃性能检测报告；

（2）玻璃进场验收记录（应检查玻璃性能试验报告、材质等）；

（3）施工记录；

（4）其他应报或设计要求报送的资料（检验批质量验收记录、检验批报验申请表等）。

三、吊顶工程

（1）主要材料产品合格证书、性能检测报告；

（2）主要材料进场验收记录；

（3）材料的复验报告（有要求时）；

（4）施工记录（吊杆、龙骨、饰面材料安装等）；

（5）隐蔽工程检查验收记录（吊杆、龙骨安装、连接方式、防腐、吸音、保温材料的铺设、管线设备调试等）；

（6）其他应报或设计要求报送的资料（检验批质量验收记录、检验批报验申请表等）。

四、轻质隔墙工程

（1）主要材料产品合格证书；

（2）主要材料性能检测报告；

（3）材料进场申请表记录；

（4）复验报告（有要求时）；

（5）施工记录（龙骨、其他材料等）；

（6）隐蔽工程检查验收记录；

（7）其他应报或设计要求报送的资料（检验批质量验收记录、检验批报验申请表等）。

注：① 合理缺项除外。

② 对于隐蔽工程的检查验收记录：

a. 板材隔墙隐蔽工程检查验收记录主要包括预埋件、连接件的位置、数量、连接方法、防腐等；

b. 骨架隔墙隐蔽工程检查验收记录主要包括龙骨间距、连接方法、与基体连接牢固程度，管线调试，填充料的干燥密实程度、均匀程度、是否下坠等；

c. 活动隔墙隐蔽工程检查验收记录主要包括连接方法、牢固程度等；

d. 玻璃砖隔墙隐蔽工程检查验收记录主要包括埋设拉结筋与基体连接位置、牢固程度等。

五、饰面板（砖）工程

（1）主要材料产品合格证书、材料性能检测报告；

（2）材料进场验收记录；

（3）材料复验报告（有要求时）；

（4）施工记录（饰面板的孔槽位置、尺寸和数量，防碱、背涂处理，粘贴方法，灌筑材料饱满度等）；

（5）隐蔽工程检查验收记录（后置埋件、连接件数量、规格、位置、连接方法和防腐，后置件的现场拉拔试验、牢固程度）；

（6）其他应报或设计要求报送的资料。

六、幕墙工程

（1）主要材料、构件、组件的产品合格证书、性能测试报告；

（2）材料、构件、组件的进场验收记录（品种、规格、数量等）；

（3）主要材料、构件、组件的复验报告；

（4）施工记录；

（5）隐蔽工程检查验收记录（预埋件、连接件数量，紧固件的规格、数量、位置，拉拔力；连接方法，立柱、横梁、墙角等处的节点做法，防腐处理，变形缝节点做法，防雷装置，保温材料填充等）；

（6）其他应报或设计要求报送的资料。

注：① 玻璃幕墙的施工记录应有：玻璃品种、规格、颜色、光学性能、安装方向，玻璃厚度，密封方法，钢化玻璃的引爆试验，边缘处理，连接方法、预埋件、连接件、紧固件的数量等；

② 金属幕墙的施工记录应有：金属框架及连接件的防腐处理、板缝注胶情况（饱满度、密实度、均匀度、气泡情况等）；

③ 石材幕墙施工记录应有：石材防碱背涂处理，石材孔槽的数量、深度、位置、尺寸，变形缝，墙角节点，注浆情况（是否饱满、密实、连续、均匀、无气泡，宽度和厚度是否符合设计要求和技术标准的规定）等。

七、涂饰工程

（1）主要材料的产品合格证书、性能检测报告；

（2）材料进场验收记录（品种、数量等）；

（3）施工记录（基层处理）；

（4）其他应报或设计要求报送的资料。

八、裱糊与软包

（1）主要材料的产品合格证书、性能测试报告；

（2）材料进场验收记录（品种、数量等）；

（3）施工记录（基层处理）；

（4）其他应报或设计要求报送的资料。

九、细部工程

1. 橱柜制作与安装

（1）主要材料、组件的产品合格证书、性能测试报告；

（2）材料、组件的进场验收记录（品种、规格、性能测试报告和数量等）；

（3）人造板甲醛含量的复验报告；

（4）施工记录（预埋件、后置件的数量、规格、位置）；

（5）隐蔽工程检查验收记录（预埋件、后置件的数量、规格、位置）；

（6）其他应报或设计要求报送的资料。

2. 窗帘盒、窗台板、散热器罩、门窗套制作与安装

（1）主要材料的产品合格证书、性能检测报告；

（2）材料进场验收记录（材质、品种、规格、数量、颜色、木材燃烧性能和含水率）；

（3）花岗石放射性、人造板甲醛含量的复验报告；

（4）其他应报或设计要求报送的资料。

3. 护栏和扶手制作安装

（1）材料、构件、组件的产品合格证书；

（2）材料、构件、组件的进场验收记录（品种、规格、数量等）；

（3）施工记录（预埋件数量、规格、位置、连接点）；

（4）隐蔽工程检查验收记录（预埋件数量、规格、位置、连接点）；

（5）其他应报或设计要求报送的资料。

十、地面工程

1. 石材、地板砖铺装

（1）石材、地板砖的产品合格证书、材料性能检测报告；

（2）材料进场验收记录（地板品种、规格、数量、外观质量、规格公差、平整度、直角度等，水泥的品种、强度等级、数量，砂的数量、质量）；

（3）复验报告（水泥的安定性、凝结时间）；

（4）施工记录（砂浆配合比、清理基层、垫层厚度等）；

（5）隐蔽工程检查验收记录（施工前对构造层及管线检查）；

（6）其他应报或设计要求报送的资料（检验批质量验收记录、检验批报验申请表等）。

2. 竹、木地板铺装

（1）木地板的产品合格证书、材料性能检测报告；

（2）材料进场验收记录（木地板品种、规格、数量、外观质量、尺寸偏差等）；

（3）复验报告（木地板甲醛含量）；

（4）施工记录（基层处理、木龙骨防腐处理、木龙骨间距及固定方法、伸缩缝设置等）；

（5）隐蔽工程检查验收记录（对地板下方管线及龙骨构造等的检查）；

（6）其他应报或设计要求报送的资料（检验批质量验收记录、检验批报验申请表等）。

装饰工程检验批报验实例

单元概述

本单元主要列举了某装饰工程检验批报验的工程实例。

单元目标

1. 知识目标

熟悉装饰工程检验批报验程序。

2. 专业能力目标

会进行装饰装修分项工程检验批的检查及报验,会填写装修装修工程分项工程检验批质量验收记录。

3. 专业素养目标

树立高度的责任心,严谨求实、认真检查、如实记录。

地板砖铺装工程报验申请表

工程名称:郑州市××医院建设工程室内装饰工程   编号:031003 [0][0][1]

致:××工程建设监理公司

我单位已完成了医技楼二层地板砖铺装工程,现报上该工程报验申请表,请予以审查和验收。

附:医技楼二层地面地板砖铺装工程检验批质量验收记录

承包单位(章):

项目经理:

日　　期:

专业监理工程师审核意见:

专业监理工程师:

日　　期:

郑州市重点建设工程质量监督中心监制

地板砖铺装工程检验批质量验收记录

GB 50209—2002　　　　　　　　　　　　　　　　　　　　编号:031003 0 0 1

工程名称	郑州市××医院建设工程第二标段医技楼内装	分项工程名称	地板砖铺装
施工单位	深圳市××建设集团股份有限公司	验收部位	医技楼二层
施工执行标准名称及编号	《建筑地面工程施工质量验收规范》GB 50209—2002	项目经理	
		专业工长	
分包单位	/	施工班组长	

主控项目		质量验收规范的规定		施工单位检查评定记录										监理单位验收记录
	1	材料质量	6.2.7 条	符合要求										
	2	牢固、空鼓	6.2.8 条	符合要求										
	1	表面质量	6.2.9 条	符合要求										
	2	镶边	6.2.10 条	符合要求										
	3	踢脚线	6.2.11 条	符合要求										
	4	踏步、台阶	6.2.12 条	符合要求										
	5	污水、积水渗漏	6.2.13 条	符合要求										

一般项目	项目	允许偏差/mm 陶瓷锦砖、地砖、高级水磨石板	实测值/mm									
			1	2	3	4	5	6	7	8	9	10
	表面平整度	2	1	0	1	1	1	1	1	1	1	1
	缝格平直	3	2	1	2	1	1	1	1	2	2	1
	接缝高低差	0.5	0.5	0.5	0.5	0.5	0.5	0.5	0.5	0.5	0.5	0.5
	踢脚线上口平直	3	2	1	2	2	1	2	1	1	2	1
	板块间隙宽度	2	1	1	1	1	1	1	1	1	1	1

施工单位检查评定结果	主控项目符合规范要求,一般项目符合设计及规范要求 项目专业质量员: 项目专业质量(技术)负责人:　　　　　　　年　　月　　日
监理单位验收结论	监理工程师: 　　　　　　　年　　月　　日

注:本表由施工项目专业质量员填写,监理工程师组织项目专业质量(技术)负责人等进行验收。

塑胶地板工程报验申请表

工程名称:郑州市××医院建设工程室内装饰工程　　　　　　　　编号:031013 0 0 4

致:××工程建设监理公司

　　我单位已完成了 医技楼三层 ICU 塑胶地板 工程,现报上该工程报验申请表,请予以审查和验收。

　　附:医技楼三层 ICU 塑胶地板工程检验批质量验收记录

承包单位(章):

项目经理:

日　　期:

专业监理工程师审核意见:

专业监理工程师:

日　　期:

郑州市重点建设工程质量监督中心监制

塑胶地板工程检验批质量验收记录

GB 50209—2002　　　　　　　　　　　　　　　　　　　　　　　　编号:031003 0 0 4

工程名称	郑州市××医院建设工程第二标段医技楼内装		分项工程名称	塑胶地板
施工单位	深圳市××建设集团股份有限公司		验收部位	医技楼三层 ICU
施工执行标准 名称及编号	《建筑地面工程施工质量验收规范》 GB 50209—2002		项目经理	
			专业工长	
分包单位	/		施工班组长	

		质量验收规范的规定		施工单位检查评定记录										监理单位 验收记录
主控项目	1	塑胶地面质量	6.6.4 条	√										
	2	面层与下一层粘贴	6.6.5 条	√										
一般项目	1	面层质量	6.6.6 条	√										
	2	焊接质量	6.6.7 条	√										
	3	镶边用料	6.6.8 条	√										
	4	允许偏差	表面平整度	2 mm	2	2	2	2	1	2	1	2	2	2
			缝格平直	3 mm	2	1	1	2	2	2	0	2	0	2
			接缝高低差	0.5 mm	0	0	0	0.5	0.5	0.5	0.5	0.5	0	0
			踢脚线上口 平直	2 mm	1	1	1	1	1	1	2	0	2	0

施工单位 检查评定结果	主控项目符合规范要求,一般项目符合设计及规范要求 项目专业质量员: 项目专业质量(技术)负责人:　　　　　　　　　　年　月　日
监理单位 验收结论	监理工程师:　　　　　　　　　　　　　　　　　　年　月　日

注:本表由施工项目专业质量员填写,监理工程师组织项目专业质量(技术)负责人等进行验收。

郑州市重点建设工程质量监督中心监制

木门窗安装工程报验申请表

工程名称:郑州市××医院建设工程室内装饰工程   编号:030201 |0|0|1|

致:河南海华工程建设监理公司

我单位已完成了医技楼二层木门窗安装工程,现报上该工程报验申请表,请予以审查和验收。

附:医技楼二层木门窗安装工程检验批质量验收记录

                                                    承包单位(章):

                                                    项目经理:

                                                    日   期:

专业监理工程师审核意见:

                                                    专业监理工程师:

                                                    日   期:

                                        郑州市重点建设工程质量监督中心监制

木门窗安装工程检验批质量验收记录

GB 50210—2001　　　　　　　　　　　　　　　　　编号:030201 | 0 | 0 | 1 |

工程名称	郑州市××医院建设工程第二标段医技楼内装	分项工程名　称	木门窗安装
施工单位	深圳市××建设集团股份有限公司	验收部位	医技楼二层
施工执行标准名称及编号	《建筑装饰装修工程质量验收规范》GB 50210—2001	项目经理	
		专业工长	
分包单位	/	施工班组长	

		质量验收规范的规定		施工单位检查评定记录	监理单位验收记录
主控项目	1	门窗品种、规格、安装方向位置	4.3.2 条	√	
	2	门窗框安装	4.3.3 条	√	
	3	门窗扇安装	4.3.4 条	√	
	4	门窗配件	4.3.5 条	√	
一般项目	1	与洞口的缝隙	4.3.6 条	√	
	2	批水、盖口条等	4.3.7 条	√	
	3	木门窗安装的留缝限值、允许偏差			

项目		留缝限值/mm		允许偏差/mm		实测值/mm									
		普通	高级√	普通	高级	1	2	3	4	5	6	7	8	9	10
门窗槽口对角线长度差		—		3	2	2	2	1	2	2	1	1	2	2	1
门窗框的正侧面垂直度		—		2	1	1	1	1	1	1	1	1	1	1	1
框、扇接缝高低差		—	—	2	1	1	1	1	1	1	1	1	1	1	1
门窗扇对口缝		1~2.5	1.5~2	—	—										
厂房双扇大门对口缝		2~5													
门窗扇与上框间留缝		1~2	1~1.5	—	—	1.5	1	1	1.5	1.5	1	1.5	1.5	1	1
门窗扇与侧框间留缝		1~2.5	1~1.5	—	—	1	1.5	1	1	1.5	1.5	1.5	1	1	1.5
窗扇与下框间留缝		2~3	2~2.5	—	—										
门窗与下框间留缝		3~5	3~4	—	—	3	3	4	4	4	4	3	3	3	
双层门窗内外框间距		—		4	3										
无外下框时门扇与地面间留缝	外门	4~7	5~6	—	—										
	内门	5~8	6~7	—	—	6	6	7	7	6	6	6	6	7	7
	卫生间门	8~12	8~10	—	—	10	9	9	9	8	9	10	10	10	9

施工单位检查评定结果	主控项目符合规范要求,一般项目符合设计及规范要求 项目专业质量员: 项目专业质量(技术)负责人:　　　　　　　年　月　日
监理单位验收结论	监理工程师:　　　　　　　　　　　　　　　　　年　月　日

注:本表由施工项目专业质量员填写,监理工程师组织项目专业质量(技术)负责人等进行验收。

郑州市重点建设工程质量监督中心监制

铝合金门窗安装工程报验申请表

工程名称:郑州市××医院建设工程室内装饰工程   编号:030202 [0][0][1]

致:××工程建设监理公司

   我单位已完成了医技楼一层铝合金门窗安装工程,现报上该工程报验申请表,请予以审查和验收。

    附:医技楼一层铝合金门窗安装工程检验批质量验收记录

承包单位(章):

项目经理:

日   期:

专业监理工程师审核意见:

专业监理工程师:

日   期:

郑州市重点建设工程质量监督中心监制

铝合金门窗安装工程检验批质量验收记录

GB 50210—2001　　　　　　　　　　　　　　　　　　　　　　　编号：030202 0 0 1

工程名称	郑州市××医院建设工程第二标段医技楼内装		分项工程名称	铝合金门窗安装
施工单位	深圳市××建设集团股份有限公司		验收部位	医技楼一层
施工执行标准名称及编号	《建筑装饰装修工程质量验收规范》（GB 50210—2001）		项目经理	
			专业工长	
分包单位	/		施工班组长	

		质量验收规范的规定		施工单位检查评定记录									监理单位验收记录
主控项目	1	品种、规格	5.3.2 条	√									
	2	框及副框安装	5.3.3 条	√									
	3	扇安装	5.3.4 条	√									
	4	门窗配件	5.3.5 条	√									
一般项目	1	表面	5.3.6 条	√									
	2	扇的开关力	5.3.7 条	√									
	3	框与墙体缝隙	5.3.8 条	√									
	4	密封条、排水孔	5.3.9 条，5.3.10 条	√									

			5			铝合金门窗安装的允许偏差								

项目		允许偏差/mm	实测值/mm										
			1	2	3	4	5	6	7	8	9	10	
槽口宽、高度	≤1 500 mm	1.5	1	0	1	1	1	1	1	1	1	1	
	>1 500 mm	2											
对角线长度差	≤2 000 mm	3	2	1	2	2	2	2	1	1	2	2	
	>2 000 mm	4											
框的正、侧面垂直度		2.5	2	2	2	2	1	1	1	2	1	1	
横框的水平度		2	1	1	1	1	0	1	1	1	1	1	
横框标高		5	2	3	2	2	3	2	2	2	2	2	
竖向偏离中心		5	3	2	3	3	2	2	3	2	2	3	
双层门窗内外框间距		4	3	2	1	2	3	3	3	2	1	2	
推拉门窗扇与框搭接量		1.5	1	1	1	1	1	1	1	1	1	1	

施工单位检查评定结果	主控项目符合规范要求，一般项目符合设计及规范要求 项目专业质量员： 项目专业质量（技术）负责人： 　　　　　　　　　　　　　年　　月　　日
监理单位验收结论	监理工程师： 　　　　　　　　　　　　　年　　月　　日

注：本表由施工项目专业质量员填写，监理工程师组织项目专业质量（技术）负责人等进行验收。

郑州市重点建设工程质量监督中心监制

暗龙骨吊顶工程报验申请表

工程名称:郑州市××医院建设工程室内装饰工程　　　　　　　　　编号:030301 | 0 | 0 | 1 |

致:××工程建设监理公司

　　我单位已完成了医技楼二层轻钢龙骨纸面石膏板吊顶工程,现报上该工程报验申请表,请予以审查和验收。

附:医技楼二层暗龙骨吊顶工程检验批质量验收记录

承包单位(章):

项目经理:

日　　期:

专业监理工程师审核意见:

专业监理工程师:

日　　期:

郑州市重点建设工程质量监督中心监制

暗龙骨吊顶工程检验批质量验收记录

GB 50210—2001　　　　　　　　　　　　　　　　　　　　编号:030301 0 0 1

工程名称	郑州市××医院建设工程第二标段医技楼内装		分项工程名称	轻钢龙骨纸面石膏板吊顶
施工单位	深圳市××建设集团股份有限公司		验收部位	医技楼二层
施工执行标准名称及编号	《建筑装饰装修工程质量验收规范》GB 50210—2001		项目经理	
			专业工长	
分包单位	/		施工班组长	

		质量验收规范的规定		施工单位检查评定记录	监理单位验收记录
主控项目	1	标高、尺寸	6.2.2 条	合格	
	2	材质、品种	6.2.3 条	合格	
	3	吊顶施工工艺	6.2.4 条 6.2.5 条	合格	
	4	石膏板接缝	6.2.6 条	合格	
一般项目	1	表面	6.2.7 条	符合要求	
	2	灯具、烟感器	6.2.8 条	符合要求	
	3	吊杆、龙骨接缝	6.2.9 条	符合要求	
	4	吊杆内填充材料	6.2.10 条	符合要求	
	5	暗龙骨吊顶工程安装的允许偏差			

项目	允许偏差/mm				实测值/mm									
	纸面石膏板	金属板	矿棉板	木板、塑料板及搁栅	1	2	3	4	5	6	7	8	9	10
表面平整度	3				2	1	1	2	2	2	1	2	2	1
接缝直线度	3				1	2	1	1	2	2	2	2	2	1
接缝高低差	1				0	0.5	0	0.5	0	0.5	0	0	0	0

施工单位检查评定结果	主控项目合格,一般项目符合设计及规范要求 项目专业质量员: 项目专业质量(技术)负责人:　　　　　　　　　　年　　月　　日
监理单位验收结论	监理工程师:　　　　　　　　　　　　　　　　　　年　　月　　日

注:本表由施工项目专业质量员填写,监理工程师组织项目专业质量(技术)负责人等进行验收。

郑州市重点建设工程质量监督中心监制

暗龙骨吊顶工程报验申请表

工程名称:郑州市××医院建设工程室内装饰工程 　　　　　　　　编号:030301 [0][0][2]

致:××工程建设监理公司

我单位已完成了医技楼一层大厅铝单板吊顶工程,现报上该工程报验申请表,请予以审查和验收。

附:医技楼一层大厅铝单板吊顶工程检验批质量验收记录

承包单位(章):

项目经理:

日　　期:

专业监理工程师审核意见:

专业监理工程师:

日　　期:

郑州市重点建设工程质量监督中心监制

暗龙骨吊顶工程检验批质量验收记录

GB 50210—2001   编号：030301 | 0 | 0 | 2 |

工程名称	郑州市××医院工程第二标段医技楼内装	分项工程名称	铝单板吊顶
施工单位	深圳××建设集团股份有限公司	验收部位	医技楼一层大厅
施工执行标准名称及编号	《建筑装饰装修工程质量验收规范》GB 50210—2001	项目经理	
		专业工长	
分包单位	/	施工班组长	

		质量验收规范的规定		施工单位检查评定记录	监理单位验收记录
主控项目	1	标高、尺寸	6.2.2条	符合要求	
	2	材质、品种	6.2.3条	符合要求	
	3	吊顶施工工艺	6.2.4条 6.2.5条	符合要求	
	4	石膏板接缝	6.2.6条	符合要求	
一般项目	1	表面	6.2.7条	符合要求	
	2	灯具、烟感器	6.2.8条	符合要求	
	3	吊杆、龙骨接缝	6.2.9条	符合要求	
	4	吊杆内填充材料	6.2.10条	符合要求	

一般项目 5 暗龙骨吊顶工程安装的允许偏差

项目	允许偏差/mm				实测值/mm									
	面纸石膏板	金属板	矿棉板	木板塑料板及搁栅	1	2	3	4	5	6	7	8	9	10
表面平整度		2			1	1	1	1.5	1	1.5	1	1.5	1	1
接缝直线度		1.5			1	0.5	1	1	0.5	0.5	0.5	0.5	0.5	1
接缝高低差		1			0	0.5	0	0	0.5	0	0.5	0	0	0

施工单位检查评定结果	主控项目符合规范要求，一般项目符合设计及规范要求 项目专业质量员： 项目专业质量(技术)负责人： 年 月 日
监理单位验收结论	监理工程师： 年 月 日

注：本表由施工项目专业质量员填写，监理工程师组织项目专业质量(技术)负责人等进行验收。

郑州市重点建设工程质量监督中心监制

暗龙骨吊顶工程报验申请表

工程名称:郑州市××医院建设工程室内装饰工程　　　　　编号:030301 |0|0|5|

致:××工程建设监理公司

　　我单位已完成了医技楼二层铝方通吊顶工程,现报上该工程报验申请表,请予以审查和验收。

　　附:医技楼二层铝方通吊顶工程检验批质量验收记录

承包单位(章):

项目经理:

日　　期:

专业监理工程师审核意见:

专业监理工程师:

日　　期:

郑州市重点建设工程质量监督中心监制

<h2 align="center">暗龙骨吊顶工程检验批质量验收记录</h2>

GB 50210—2001　　　　　　　　　　　　　　　　　　　　　编号:030301 [0][0][5]

工程名称	郑州市××医院建设工程第二标段医技楼内装	分项工程名称	铝方通吊顶
施工单位	深圳市××建设集团股份有限公司	验收部位	医技楼二层
施工执行标准名称及编号	《建筑装饰装修工程质量验收规范》 GB 50210—2001	项目经理	
		专业工长	
分包单位	/	施工班组长	

<table>
<tr><td colspan="3">质量验收规范的规定</td><td>施工单位检查评定记录</td><td>监理单位验收记录</td></tr>
<tr><td rowspan="4">主控项目</td><td>1</td><td>标高、尺寸</td><td>6.2.2 条</td><td>符合要求</td><td rowspan="8"></td></tr>
<tr><td>2</td><td>材质、品种</td><td>6.2.3 条</td><td>符合要求</td></tr>
<tr><td>3</td><td>吊顶施工工艺</td><td>6.2.4 条
6.2.5 条</td><td>符合要求</td></tr>
<tr><td>4</td><td>石膏板接缝</td><td>6.2.6 条</td><td>符合要求</td></tr>
<tr><td rowspan="12">一般项目</td><td>1</td><td>表面</td><td>6.2.7 条</td><td>符合要求</td></tr>
<tr><td>2</td><td>灯具、烟感器</td><td>6.2.8 条</td><td>符合要求</td></tr>
<tr><td>3</td><td>吊杆、龙骨接缝</td><td>6.2.9 条</td><td>符合要求</td></tr>
<tr><td>4</td><td>吊杆内填充材料</td><td>6.2.10 条</td><td>符合要求</td></tr>
</table>

项目	允许偏差/mm				实测值/mm									
	纸面石膏板	金属板	矿棉板	木板、塑料板及搁栅	1	2	3	4	5	6	7	8	9	10
表面平整度				2	1	1	1	1.5	1	1.5	1	1.5	1	1
接缝直线度				3	1	0.5	1	1	0.5	0.5	0.5	0.5	0.5	1
接缝高低差				1	0	0.5	0	0	0.5	0	0.5	0	0	0

（一般项目第5项：暗龙骨吊顶工程安装的允许偏差）

施工单位检查评定结果	主控项目符合规范要求,一般项目符合设计及规范要求 项目专业质量员: 项目专业质量(技术)负责人:　　　　　　　　　　　年　　月　　日
监理单位验收结论	 监理工程师:　　　　　　　　　　　　　　　　　年　　月　　日

注:本表由施工项目专业质量员填写,监理工程师组织项目专业质量(技术)负责人等进行验收。

郑州市重点建设工程质量监督中心监制

明龙骨吊顶工程报验申请表

工程名称:郑州市××医院建设工程室内装饰工程　　　　　　　　编号:030302 0 0 1

致:××工程建设监理公司

　　我单位已完成了医技楼三层矿棉板吊顶工程,现报上该工程报验申请表,请予以审查和验收。

　　附:医技楼三层矿棉板吊顶工程检验批质量验收记录

承包单位(章):

项目经理:

日　　期:

专业监理工程师审核意见:

专业监理工程师:

日　　期:

郑州市重点建设工程质量监督中心监制

明龙骨吊顶工程检验批质量验收记录

GB 50210—2001　　　　　　　　　　　　　　　　　　　　　　　　编号:030302 |0|0|1|

工程名称	郑州市××医院建设工程第二标段医技楼内装	分项工程名称	矿棉板吊顶
施工单位	深圳市××建设集团股份有限公司	验收部位	医技楼三层
施工执行标准名称及编号	《建筑装饰装修工程质量验收规范》GB 50210—2001	项目经理	
		专业工长	
分包单位	/	施工班组长	

<table>
<tr><td colspan="4" align="center">质量验收规范的规定</td><td colspan="11" align="center">施工单位检查评定记录</td><td align="center">监理单位验收记录</td></tr>
<tr><td rowspan="8">主控项目</td><td>1</td><td>标高、尺寸</td><td>6.3.2 条</td><td colspan="11" align="center">符合要求</td><td></td></tr>
<tr><td>2</td><td>材质、品种</td><td>6.3.3 条</td><td colspan="11" align="center">符合要求</td><td></td></tr>
<tr><td>3</td><td>饰面材料安装</td><td>6.3.4 条</td><td colspan="11" align="center">符合要求</td><td></td></tr>
<tr><td>4</td><td>吊顶施工工艺</td><td>6.3.5 条
6.3.6 条</td><td colspan="11" align="center">符合要求</td><td></td></tr>
</table>

一般项目														
1	表面	6.3.7 条	符合要求										
2	灯具、烟感器	6.3.8 条	符合要求										
3	龙骨的接缝	6.3.9 条	符合要求										
4	吊杆内填充材料	6.3.10 条	符合要求										
5	暗龙骨吊顶工程安装的允许偏差												

项目	允许偏差/mm				实测值/mm									
	石膏板	金属板	矿棉板	塑料板、玻璃板	1	2	3	4	5	6	7	8	9	10
表面平整度			3		2	1	2	2	1	1	1	1	1	1
接缝直线度			3		1	2	1	2	2	2	1	1	1	1
接缝高低差			2		1	1	1	1	1.5	1.5	1	1	1	1.5

施工单位检查评定结果	主控项目符合规范要求,一般项目符合设计及规范要求 项目专业质量员: 项目专业质量(技术)负责人:　　　　　　　　　　年　　月　　日
监理单位验收结论	 监理工程师:　　　　　　　　　　　　　　　　　年　　月　　日

注:本表由施工项目专业质量员填写,监理工程师组织项目专业质量(技术)负责人等进行验收。

郑州市重点建设工程质量监督中心监制

大理石干挂工程报验申请表

工程名称:郑州市××医院建设工程室内装饰工程   编号:030501 0 0 1

致:××工程建设监理公司

我单位已完成了医技楼一层大厅大理石干挂工程,现报上该工程报验申请表,请予以审查和验收。

附:医技楼一层大厅大理石干挂工程检验批质量验收记录

承包单位(章):

项目经理:

日   期:

专业监理工程师审核意见:

专业监理工程师:

日   期:

郑州市重点建设工程质量监督中心监制

大理石干挂工程检验批质量验收记录

GB 50210—2001　　　　　　　　　　　　　　　　　　　　编号：030501 |0|0|1|

工程名称	郑州市××医院建设工程第二标段医技楼内装	分项工程名称	大理石干挂
施工单位	深圳市××建设集团股份有限公司	验收部位	医技楼一层大厅
施工执行标准名称及编号	《建筑装饰装修工程质量验收规范》（GB 50210—2001）	项目经理	
		专业工长	
分包单位	/	施工班组长	

		质量验收规范的规定		施工单位检查评定记录	监理单位验收记录
主控项目	1	材料质量	6.3.5 条	√	
	2	牢固、空鼓	6.3.6 条	√	
一般项目	1	表面质量	6.3.7 条	√	
	2	踢脚线	6.3.8 条	√	
	3	踏步、台阶	6.3.9 条	√	
	4	泛水、积水渗漏	6.3.10 条	√	

	项目	允许偏差/mm		实测值/mm										
一般项目		大理石花岗岩面层	碎拼大理石、花岗石面层	1	2	3	4	5	6	7	8	9	10	
	表面平整度	1	3	1	1	1	1	1	1	1	1	1	1	
	缝格平直	2	–	1	1	1	1	1	1	1	1	1	1	
	接缝高低差	0.5	–	0	0	0	0	0.5	0	0.5	0	0	0	
	踢脚线上口平直度	1	1	1	1	1	1	1	1	1	1	1	1	
	板块间隙宽度	1	–	1	1	1	1	1	1	1	1	1	1	

施工单位检查评定结果	主控项目符合规范要求，一般项目符合设计及规范要求 项目专业质量员： 项目专业质量（技术）负责人：　　　　　　　年　　月　　日
监理单位验收结论	监理工程师：　　　　　　　　　　　　　　　　年　　月　　日

注：本表由施工项目专业质量员填写，监理工程师组织专业质量（技术）负责人等进行验收。

郑州市重点建设工程质量监督中心监制

内墙饰面砖粘贴工程报验申请表

工程名称：<u>郑州市××医院建设工程室内装饰工程</u>　　　　　　　编号：030502 |0|0|1|

致：××工程建设监理公司

　　我单位已完成了<u>医技楼三层内墙</u>饰面砖粘贴工程，现报上该工程报验申请表，请予以审查和验收。

　　附：医技楼三层内墙饰面砖粘贴工程检验批质量验收记录

承包单位（章）：

项目经理：

日　　期：

专业监理工程师审核意见：

专业监理工程师：

日　　期：

郑州市重点建设工程质量监督中心监制

内墙饰面砖粘贴工程检验批质量验收记录

GB 50210—2001

编号：030502 **0 0 1**

工程名称	郑州市××医院建设工程第二标段医技楼内装	分项工程名称	内墙饰面砖粘贴
施工单位	深圳市××建设集团股份有限公司	验收部位	医技楼三层
施工执行标准名称及编号	《建筑装饰装修工程质量验收规范》GB 50210—2001	项目经理	
		专业工长	
分包单位	/	施工班组长	

		质量验收规范的规定		施工单位检查评定记录		监理单位验收记录
主控项目	1	品种、规格等	8.3.2 条	√		
	2	施工方法等	8.3.3 条	√		
	3	粘贴牢固	8.3.4 条	√		
	4	满粘法施工	8.3.5 条	√		
一般项目	1	表面要求	8.3.6 条	√		
	2	阴阳角处搭接非整砖处理	8.3.7 条	√		
	3	整砖套割	8.3.8 条	√		
	4	接缝和嵌缝	8.3.9 条	√		
	5	滴水线（槽）	8.3.10 条	√		

饰面砖粘贴的允许偏差

项目	允许偏差/mm	实测值/mm									
	内墙面砖	1	2	3	4	5	6	7	8	9	10
立面垂直度	2	1	1	1	1	1	1	1	1	1	1
表面平整度	3	1	2	2	2	1	2	1	2	2	2
阴阳角方正	3	2	2	2	1	1	1	1	2	2	2
接缝直线度	2	1	1	1	1	1	1	1	1	1	1
接缝高低差	0.5	0	0	0	0	0	0	0	0	0	0
接缝宽度	1	1	1	1	1	1	1	1	1	1	1

施工单位检查评定结果	主控项目符合规范要求,一般项目符合设计及规范要求 项目专业质量员： 项目专业质量(技术)负责人：　　　　　　　　　年　　月　　日
监理单位验收结论	监理工程师：　　　　　　　　　　　　　　　　　年　　月　　日

注：本表由施工项目专业质量员填写,监理工程师组织项目专业质量(技术)负责人等进行验收。

郑州市重点建设工程质量监督中心监制

隐框、半隐框玻璃幕墙工程报验申请表

工程名称：郑州市××医院建设工程室内装饰工程　　　　　　　　　　　编号：030601 |0|0|1|

致：××工程建设监理公司

　　我单位已完成了医技楼东采光井玻璃幕墙安装工程，现报上该工程报验申请表，请予以审查和验收。

附：医技楼东采光井玻璃幕墙安装工程检验批质量验收记录

　　　　　　　　　　　　　　　　　　　　　　　　　　　　承包单位（章）：

　　　　　　　　　　　　　　　　　　　　　　　　　　　　项目经理：

　　　　　　　　　　　　　　　　　　　　　　　　　　　　日　　期：

专业监理工程师审核意见：

　　　　　　　　　　　　　　　　　　　　　　　　　　　　专业监理工程师：

　　　　　　　　　　　　　　　　　　　　　　　　　　　　日　　期：

　　　　　　　　　　　　　　　　　　　　　　郑州市重点建设工程质量监督中心监制

隐框、半隐框玻璃幕墙工程检验批质量验收记录

GB 50210—2001　　　　　　　　　　　　　　　　　编号:030601 0 0 1

工程名称	郑州市××医院建设工程第二标段医技楼内装		分项工程名称	玻璃幕墙安装
施工单位	深圳市××建设集团股份有限公司		验收部位	医技楼东采光井
施工执行标准名称及编号	《建筑装饰装修工程质量验收规范》 GB 50210—2001		项目经理	
			专业工长	
分包单位	/		施工班组长	

		质量验收规范的规定		施工单位检查评定记录	监理单位验收记录
主控项目	1	材料、构件和组件质量	9.2.2 条	√	
	2	造型和立面分格	9.2.3 条	√	
	3	玻璃要求	9.2.4 条	√	
	4	预埋件、连接件、紧固件	9.2.5 条	√	
	5	栓接与焊接	9.2.6 条	√	
	6	框条要求	9.2.7 条	√	
	7	连接节点、变形缝	9.2.11 条	√	
	8	渗漏要求	9.2.12 条	√	
	9	结构胶和密封胶打注	9.2.13 条	√	
	10	开启窗要求	9.2.14 条	√	
	11	防雷装置	9.2.15 条	√	

续表

	质量验收规范的规定		施工单位检查评定记录										监理单位验收记录
1	幕墙表面要求	9.2.16 条	√										
2	每平方米玻璃表面质量	9.2.17 条	√										
3	一个分格铝型材表面质量	9.2.18 条	√										
4	密封胶缝	9.2.20 条	√										
5	防火、保温材料	9.2.21 条	√										
6	隐蔽节点	9.2.22 条	√										
7	隐框、半隐框玻璃幕墙安装的允许偏差												

一般项目

项目		允许偏差/mm	实测值/mm									
			1	2	3	4	5	6	7	8	9	10
幕墙垂直度	幕墙高度≤30 m	10	5	5	5	4	4	4	4	3	4	3
	30 m<幕墙高度≤60 m	15										
	60 m<幕墙高度≤90 m	20										
	幕墙高度>90 m	25										
幕墙水平度	层高≤3 m	3										
	层高>3 m	5	3	3	3	3	3	2	2	2	2	2
幕墙表面平整度		2	1	1	1	1	1	1	1	1	1	1
板材立面平整度		2	1	1	1	1	1	1	1	1	1	1
板材上沿水平度		2	1	1	1	1	1	1	1	1	1	1
相邻板材板角错位		1	0.5	0.5	0.5	0.5	0.5	0.5	0.5	0.5	0.5	0.5
阳角方正		2	1	1	1	1	1	1	1	1	1	1
接缝直线度		3	2	1	2	2	2	1	1	1	1	1
接缝高低度		1	0.5	0.5	0.5	0.5	0.5	0.5	0.5	0.5	0.5	0.5
接缝宽度		1	0.5	0.5	0.5	0.5	0.5	0.5	0.5	0.5	0.5	0.5

施工单位检查评定结果	主控项目符合规范要求,一般项目符合设计及规范要求 项目专业质量员: 项目专业质量(技术)负责人:　　　　　　　　年　月　日
监理单位验收结论	监理工程师:　　　　　　　　　　　　　　　年　月　日

注:本表由施工项目专业质量检查员填写,监理工程师组织项目专业质量(技术)负责人等进行验收。

郑州市重点建设工程质量监督中心监制

水性涂料涂饰工程报验申请表

工程名称:郑州市××医院建设工程室内装饰工程　　　　　　编号:030701 0 0 1

致:××工程建设监理公司

　　我单位已完成了医技楼四层墙顶面乳胶漆工程,现报上该工程报验申请表,请予以审查和验收。

　　附:医技楼四层墙顶面乳胶漆工程检验批质量验收记录

承包单位(章):

项目经理:

日　　期:

专业监理工程师审核意见:

专业监理工程师:

日　　期:

郑州市重点建设工程质量监督中心监制

水性涂料涂饰工程检验批质量验收记录

GB 50210—2001　　　　　　　　　　　　　　　　　　编号:030701 |0|0|1|

工程名称	郑州市××医院建设工程第二标段医技楼内装	分项工程名称	乳胶漆涂饰
施工单位	深圳市××建设集团股份有限公司	验收部位	医技楼四层墙顶面
施工执行标准名称及编号	《建筑装饰装修工程质量验收规范》GB 50210—2001	项目经理	
		专业工长	
分包单位	/	施工班组长	

		质量验收规范的规定		施工单位检查评定记录	监理单位验收记录
主控项目	1	品种、型号等	10.2.2条	符合要求	
	2	颜色和图案	10.2.3条	符合要求	
	3	质量要求	10.2.4条	符合要求	
	4	基层处理	10.2.5条	符合要求	
一般项目	1	薄涂料质量	10.2.6条	符合要求	
	2	厚涂料质量	/		
	3	复层涂料质量	/		
	4	涂层衔接	10.2.9条	符合要求	

施工单位检查评定结果	主控项目符合规范要求,一般项目符合设计及规范要求 项目专业质量员: 项目专业质量(技术)负责人:　　　　　　年　　月　　日
监理单位验收结论	监理工程师:　　　　　　　　　　　　　　　年　　月　　日

注:本表由施工项目专业质量员填写,监理工程师组织项目专业质量(技术)负责人等进行验收。

郑州市重点建设工程质量监督中心监制

参考文献

[1] 孙晓鹏.质量员:装饰装修.北京:中国电力出版社,2014.

[2] 王颖.资料员一本通.2 版.北京:中国建材工业出版社,2011.

[3]《质量员一本通》编委会.质量员一本通.2 版.北京:中国建材工业出版社,2013.

[4] 周明月.装修工程质量检测与验收.2 版.北京:机械工业出版社,2013.

[5] 朱吉顶.质量员岗位知识与专业技能:装饰方向.郑州:黄河水利出版社,2013.

[6] 冯宪伟.做最好的装饰装修工程施工员.北京:中国建材工业出版社,2014.

[7] 北京市建筑装饰协会.建筑装饰质检员.北京:高等教育出版社,2008.

[8] 徐祯,赵鑫.建筑工程资料管理.北京:机械工业出版社,2009.

郑重声明

高等教育出版社依法对本书享有专有出版权。任何未经许可的复制、销售行为均违反《中华人民共和国著作权法》,其行为人将承担相应的民事责任和行政责任;构成犯罪的,将被依法追究刑事责任。为了维护市场秩序,保护读者的合法权益,避免读者误用盗版书造成不良后果,我社将配合行政执法部门和司法机关对违法犯罪的单位和个人进行严厉打击。社会各界人士如发现上述侵权行为,希望及时举报,本社将奖励举报有功人员。

反盗版举报电话　　(010)58581999　58582371　58582488
反盗版举报传真　　(010)82086060
反盗版举报邮箱　　dd@hep.com.cn
通信地址　　北京市西城区德外大街4号　高等教育出版社法律事务与
　　　　　　版权管理部
邮政编码　　100120

防伪查询说明

用户购书后刮开封底防伪涂层,利用手机微信等软件扫描二维码,会跳转至防伪查询网页,获得所购图书详细信息。也可将防伪二维码下的20位密码按从左到右、从上到下的顺序发送短信至106695881280,免费查询所购图书真伪。

反盗版短信举报

编辑短信"JB,图书名称,出版社,购买地点"发送至10669588128
防伪客服电话
(010)58582300

学习卡账号使用说明

一、注册/登录

访问 http://abook.hep.com.cn/sve,点击"注册",在注册页面输入用户名、密码及常用的邮箱进行注册。已注册的用户直接输入用户名和密码登录即可进入"我的课程"页面。

二、课程绑定

点击"我的课程"页面右上方"绑定课程",正确输入教材封底防伪标签上的20位密码,点击"确定"完成课程绑定。

三、访问课程

在"正在学习"列表中选择已绑定的课程,点击"进入课程"即可浏览或下载与本书配套的课程资源。刚绑定的课程请在"申请学习"列表中选择相应课程并点击"进入课程"。如有账号问题,请发邮件至:4a_admin_zz@pub.hep.cn。